내 인생의 실험은
아직 끝나지 않았다

내 인생의 실험은
아직 끝나지 않았다

젊은 의학자가 그려 나가는 삶과 죽음의 얼굴들

안승철 지음

궁리
KungRee

들어가며

———

책을 쓰겠다는 생각을 처음 한 것은 2006년쯤이었다. 동물실험에 대한 막연한 저항감과 내 손에서 죽어가는 동물들 앞에서 늘 부채감에 시달리던 나는 죽음에 대해 무언가 이야기해야겠다는 생각을 갖고 있었다. 그렇다고 해서 동물실험을 반대하는 이야기를 쓰고 싶었던 건 아니다. 나는 실험을 하는 사람이고 실험 자체를 반대할 생각은 없었기 때문이다. 단지 내가 접하는 죽음에 대해 막연하게나마 '무언가'를 말하고 싶었을 뿐이다. 이 책에 나오는 〈토끼 동맥혈압 실습〉은 그러한 생각을 2009년에 처음으로 글로 옮긴 것이다.

하지만 죽음에 대해 써보겠다는 생각은 곧 벽에 부딪혔다. 죽음의 '무엇'에 대해 쓰겠다는 명확한 주제가 없었던 터라 2006년부터 몇 글자 적다 곧 개점휴업 상태로 들어갔다. 2008년 웬디 모겔의 『내 아이, 그만하면 충분하다(The blessing of a skinned knee)』를 번역하고, 2010년 『아이들은 왜 수학을 어려워할까?』를 쓴 것도 개점휴업 기간을 늘린 이유였다. 생각을 계속 묵혀두기만 해서는 안 되겠다는 마음에 2011년 초 궁리출판사에 전화를 걸어 삶과 죽음에 관한 책을 써보겠노라고 공언을 한 것이 이 책을 내게 된 결정적 계기였다.

작업은 지루하고 더뎠다. 글을 술술 써내는 재주가 없어서 하루에 몇 줄 정도가 고작이었다. 그나마 꾸준히 쓰지도 못했다. 써야 할 것이 떠오르면 새벽에 일어나 컴퓨터 앞에 앉았지만 한 가지 이야기를 쓰는 데도 1주일 이상 걸렸다. 애초에 정연한 구상을 가지고 출발한 것은 아니었기에 주제는 꼬리에 꼬리를 물었고 원고를 마무리할 때쯤엔 죽음에 관한 이야기보다 생리학 연구자로서 살아가는 나의 모습과 학창시절에 대해 더 열심히 써놓은 것을 발견했다.

평범한 연구자의 학창시절과 일상을 책으로 내는 것이 무슨 의미가 있나 하는 회의가 들기도 했다. 그러나 내가 살아가는 이야기에도 독자들에게 흥미로운 부분이 있을지 모른다고 생각했다. 가령 적성과는 상관없이 직업적 안정에 대한 막연한 기대로 의대를 동경하는 요즘 청소년들에게 내가 몸담고 있는 의대 실험실과 실습실 풍경을 있는 그대로 보여주는 것도 의미가 있을 듯했다. 다행히 궁리출판사의 이갑수 사장님께서 쉽게 접하지 못하는 얘기라며 책으로 내도 좋겠다고 힘을 북돋아주셨다. 가끔 2011년의 약속을 확인하곤 하셨던 김현숙 선생님의 도움도 컸다.

어떻게 보면 이 책은 글만 내가 썼을 뿐 지난 20년 동안 내가 만났던 분들 모두가 함께 만든 책이다. 생각거리를 주신 모든 분들께 감사드린다. 아내는 내가 글을 쓰는 동안 이 책에 등장하는 분들이 마음을 다치는 일이 없도록 글을 조심해 써야 한다는 것을 누누이 당부했다. 한 문장 한 문장 최선을 다해 다듬었으나 혹시라도 실수가 있었다면 미리 사과드린다. 덧붙여 내가 글을 쓸 때마다 까칠한 비판과 과도한 칭찬을 함께 퍼붓는 아내에게 고맙다는 말을 전한다.

2012년 8월

안승철

차례

1부

—

나는 의대에 왜 들어왔는가

의사라는
특권의 굴레

남들이 내 전공을 물어보면 대답이 길어진다. 내과라거나 외과 정도면 쉽게 알아들을텐데 생리학이라고 답하려니 으레 부연 설명을 해야 한다. 생물학의 한 분야도 아니고 의과대학에 있긴 한데 학생만 가르치고 환자는 보지 않는다는 내용까지 얘기해야 한다. 그럼 처방전을 쓰냐는 질문도 가끔 받는다(처방전을 발행할 수 있으면 나도 편하겠다.). 발음이 비슷하다보니 전화로 얘기할 때는 내가 심리학과에 있다고 생각하는 사람까지 있었다. 얘기를 다 듣고 나면 "아 그러면 의사는 아니고 교수님이시군요" 한다. 옛날에는 나도 의대를 나왔다는 것을 강조하고 싶어서 "의사는 의사예요"까지 덧붙여야 내 소개가 끝나는 경우가 많았다. 요즘은 스스로 의

사라고 덧붙여도 실익이 없다는 것을 잘 알기 때문에 내가 굳이 의사면허를 땄었다는 사실을 강조하지 않는다.

의사들과 얘기할 때는 설명을 하지 않아도 되니 그건 편하다. 단, 문제가 가끔 생긴다. 의사들은 나를 의사 취급하기 때문에 의학용어를 다 알 거라고 여기며 내게 설명할 땐 줄여서 쓰는 경우가 많다. 물론 대부분은 알아듣는다. 의사소통에 별로 문제는 없다. 하지만 새로 나온 치료법이나 신약은 나도 모르는 경우가 있다. 의대를 졸업한 지 20년이 다 되어가니 모르는 것도 당연하지 않은가? 그렇지만 몰라도 다시 묻기 어려울 때가 있다. 원, 체면이란 게 뭔지.

가족들은 나를 달리 본다. 내 아이는 나를 mouse doctor(쥐 의사), 요즘은 mouse killer(쥐 백정)라고 부른다. 아내는 나를 돌팔이라고 부르지는 않지만 실은 그렇게 보는 듯하고 기껏 인정해준다는 게 '타이레놀 의사' 정도다. 내가 딱히 처방할 수 있는 게 없고 늘 고작 타이레놀 정도를 쓰니 그렇다. 언젠가 아이가 먹는 타이레놀의 용량을 높게 썼더니 그마저도 인정하지 않으려는 눈치다. 의대 졸업장이 있는 것이 그나마 다행이다. 아이가 두 살 때 감기를 너무 자주 앓는 통에 걱정이 앞선 나머지 아이를 보라매 병원 응급실로 데려가 피를 뽑는다고 고생시킨 후부터는 내가 의대 나왔다는 것도 인정하지 않으려 들기 때문이다. 형수는 가정의학과 전문의고 내 동문 선배다. 형수는 그나마 나를 인정해주는 듯한데 (나를 부정하는 것은 자신이 나온 대학의 존재를 부정하는 것이나 다름없다고 생각하는 것은 아닐까?) 형은 그렇지 않다. 형은 대놓고 나를 '의사 비슷한 친구'로 부른다. 부모님은 내가 대학 다닐 때부터 인정하지 않으셨다. 그때는 학생이었으니 그렇다 치더라도 내가 졸업한 뒤 의사면허를 딴 후에도 인정하지 않으시는 것은 좀 그랬다……. 그래도 요즘은 내 말을 잘 들으시는 편이다. 큰 병을 몇 번 앓으시고 난 후의 일이다.

의사이면서 의사가 아닌 자, 우리나라에서 기초의학을 전공하는 의사들을 정의할 수 있는 말이다. 기초의학을 전공한다고 해서 환자를 보지 말라는 법은 없다. 가까운 일본만 해도 기초의학을 전공하는 의사 중에 환자를 보는 사람들이 있다. 그들은 1주일에 두 번 정도 환자를 보고 나머지 시간은 연구를 한다. 나는 일본의 제도도 바람직하다고 생각한다. 환자를 끊임없이 보면 연구만을 위한 연구를 지양할 수 있기 때문이다. 환자를 보면서 연구하는 제도는 미국에도 있다. MD(의사), PhD(박사) 제도를 운영하고 있는 나라도 미국이다. 기초의학을 한다고 환자를 보지 말란 법은 없다. 그렇게 하지 않는 것은 현실적으로 어렵기 때문이기도 하고 (생리학 전문의를 보신 적은 없으리라 믿는다.) 연구만 하기에도 벅차기 때문이다.

내가 환자를 보지 않는 또 다른 이유는 학과의 전통에서 찾을 수도 있다. 한국 생리학을 이끌었던 선배들은 환자를 보지 않으셨다. 실력이 없거나 환자를 볼 필요가 없을 정도로 연구환경이 좋아서 그랬던 것은 아니다. 오히려 반대였지만 당신들께선 몇 년씩

무급조교를 하면서도 환자를 보지 않고 묵묵히 연구만 하셨다. 의사의 사회적 지위가 낮아서 그랬던 것도 아니다. 당시 선배들의 의사면허번호는 몇백 번 수준이었다. 다시 말하면 국내의 의사 수가 몇백 명 수준에 불과했다는 뜻인데 병원만 차리면 환자가 밀려드는 편한 길을 뒤로하고 무급조교를 감내하며 연구를 택하셨다. 선배가 가지 않았으니 후배도 가서는 안 된다고 말하고자 함은 아니다. 그럴 필요가 있다면 응당 지금이라도 환자를 보면서 연구를 해도 된다. 어쩌면 그게 더 의학의 본령에 가까워지는 길일 수도 있다. 하지만 지금은 전문화의 시대, 굳이 내가 환자를 보지 않더라도 눈만 크게 뜨고 있으면 원하는 정보를 얻을 수 있다. 나의 전문 분야에서 실력을 키우는 것이 더 요구되는 시대에 나는 살고 있다.

의학의 기본을 연구하는 의사이니 자부심을 가질 만한데도 실제로 늘 그러지 못했다. 서울대학교 의과대학에서 조교로 근무하면서 실험을 하고 있을 때 길거리에서 전공의로 일하는 동기들과 우연히 마주치면 왜 그런지 자꾸 위축되는 느낌이 들었다. 기생충학을 전공한 어느 선생님은 쥐에 서식하는 기생충을 찾기 위해 쥐를 잡으러 의과대학 교정을 헤매고 다니다가 친구들을 만나 매우 부끄러웠다는 얘기를 하곤 하셨다. 가지 못한 길에 대한 동경, 자신의 일에 대한 부족한 긍지 때문에 스스로를 불필요하게 비참하게 만들곤 했었다. 지금은 생리학을 처음 시작할 때의 그런 부끄러움은 많이 사라졌다. 하지만 또 다른 부끄러움, 나의 부족함으로 인한 부끄러움이 나를 괴롭힌다.

　내가 처음 전임강사가 되었을 때가 2001년이었다. 1993년 생리학을 시작해서 5년의 조교시절, 3년의 군 생활을 마치자마자 얻은 자리다. 자연과학을 전공한 남학생이 대학교수가 되려면 2년의 군 생활, 4~6년의 대학원 생활, 2~5년의 박사 후 연수과정을 거치는 경우가 일반적이다. 인문학을 전공하는 남학생이라면 박사 후 연수 대신 짧게는 몇 년에서 길게는 십몇 년에 걸친 시간강사를 거쳐야 한다. 박사 후 연수과정도 시간강사도 거치지 않고 곧바로 전임 자리를 얻을 수 있었던 것은 오직 내가 의사면허를 가진 생리학 전공자였기 때문에 가능한 일이었다. 시간강사를 거쳐 교수가 된 아내는 내게 인생의 쓴맛을 덜 봤다고 늘 이야기하곤 한다. 단국대에 와서 실험실을 차리느라 고생하긴 했지만 아내의 말은 어느 정도 사실이다. 나보다 훨씬 많은 논문을 내면서도 전임 자리를 얻지 못하는 연구교수들을 보고 있노라면 늘 미안한 생각이 먼저 든다.

　일찍 교수가 되었다고 남들보다 더 편했던 것은 아니다. 2001년 단국대에 온 이후 지난 10년은 살아남기 위한 발버둥의 연속이었다. 다행히 살아남는 데는 성공했고 지난 10년의 성적표도 그리 나쁘지만은 않다. 하지만 살아남는 데 급급하다보니 나는 아직도 세계를 향해 '나는 이런 사람이오'라고 명함을 내밀지 못하고 있다. 일찍 자리를 잡은 것에 대한 일종의 대가인 셈인데 그것이 바로 요즘 내가 가진 부끄러움의 근원이다.

나의 부끄러움은 세계적 명성을 떨치고 있는 후배들의 소식을 접할 때 더 심해진다. 그들은 내가 단국대에서 아등바등 버티고 있을 때 해외로 나가 어려운 박사 후 연수과정 생활을 거치며 자신을 단련시켰다. 나도 그렇게 할 수 있었다. 하지만 나는 더 현실적인 길을 택했다. 그렇게 하면서 한 살이라도 더 젊을 때 해외에서 활동할 기회를 스스로 접었다. 너무도 빨리 온 교수의 자리, 현실에의 안주가 나의 발목을 잡은 셈이다.

조교시절 유럽에서 온 학자들과 몇 번 만날 기회가 있었다. 영국에서 온 학자를 만난 적도 있었는데 그때 그 학자의 직함은 lecturer였다. 우리 식이라면 '강사'에 해당하는데 그는 그 당시 한국의 생리학자들이 한 번이라도 발표했으면 좋겠다고 여기는 《생리학 저널(Journal of Physiology)》에 숱한 논문을 발표한 중견 학자였다. '강사'라면 한국에서는 교수들이 하기 싫은 강의를 떠맡아 하는 보따리장사로서의 시간강사가 떠오르지만 영국은 전혀 아니다. 학생들의 강의를 맡으려면 특정 분야에서 논문을 많이 발표하여 학자로서의 경력을 인정받아야 한다. 물론 그것도 교수가 강의를 의뢰해야만 가능하다. 그렇다면 교수가 되려면 어느 정도의 업적이 필요한지 대충 짐작이 갈 것이다. 업적이 많아도 교수가 된다는 보장은 없다. 독일에서는 교수가 죽거나 은퇴하기 전에는 그 교수 밑에 있는 사람들은 교수가 될 가능성이 없다는 얘기도 있으니 말이다. 유럽에 있는 교수들이 조교를 마치자마자 교수가 된 나를 어떻게 평가할지는 독자들의 상상에 맡기겠다.

내 인생의 실험은 아직 끝나지 않았다

한국에서 교수는 좋은 직업에 속한다. 내가 이 자리에 온 것은 내가 잘나서가 아니라 선배들이 길을 잘 닦아놓았기 때문이다. 그건 내가 자립하기 위해 얼마나 노력했나를 떠나서 어쩔 수 없이 인정해야 하는 부분이다. 특권을 누렸으니 그에 대한 특무도 따라야 할 텐데 나는 아직 준비가 덜 됐다며 계속 뜸을 들이고 있다. 실력이 없다고 얘기하지는 않겠다. 내게도 자존심이 있기 때문이다. 그렇다면 노력이 부족하다고 얘기를 해야 하나? 그것도 참 어렵다. 어쨌든 요즘 내가 가진 부끄러움은 여전히 현재 진행형이다. 이 부끄러움을 세월이 해결해줄 것 같지는 않다.

의대는
왜 들어왔는가

화학 실습실은 도서관 바로 앞에 있었다. 실습은 지루했다. 아직
이름도 잘 모르는 학우들은 틈만 나면 어색하게 말을 섞었다. 그
날도 그랬다. 지루한 실습과 따사로운 봄볕 때문에 실습 중간에
몇몇 학우들이 자연대학 앞 등나무 벤치로 모여들어 어색한 대화
를 나누고 있었다. 때마침 조교가 학생들을 찾아 나왔고 조교는
자연스럽게 우리의 어색한 대화 속에 끼어들었다. 몇 마디 나누다
조교가 우리에게 물었다. 왜 의대에 왔느냐고. 우리의 대답을 듣
기도 전에 조교가 다시 말을 이었다. "내가 고등학교 때 어머니가
돌아가셨어. 난 그때 내가 제일 사랑했던 그 사람이 무엇으로 되
어 있는지 알고 싶다는 생각이 들었어. 그래서 유기화학을 전공하

내 인생의 실험은 아직 끝나지 않았다

게 된 거야." 충격이었다. 이 대한민국에 뚜렷한 목적의식을 가지고 대학에 들어오는 사람이 있다는 것에 놀랐고 그토록 젊은 나이에 학문적 신념을 갖추었다는 것에 놀랐다. 그리고 무엇보다 나를 가장 놀라게 했던 것은 그 선배가 지닌 생명에 대한 진지한 태도였다. 의과대학 입학이 결정된 이후 많은 선배들을 만나고 수없이 축하를 들었지만 그 누구도 내게 의사로서 가져야 할 태도나 사명감 따위를 말해준 사람은 없었다. 나 자신도 내가 의사로서 어떤 길을 걷겠다는 생각을 해본 적이 없었다. 단지 재수까지 포함해서 길었던 지난 4년의 고행이 끝났다는 안도감과 그 지긋지긋한 경쟁에서 이겼다는 못난 자부심 외에는 없었다. 그런데 지금 내 앞에서 어느 화학과 조교가 자신의 학문적 목적, 생명에 대한 호기심을 마치 아무 일도 아니라는 듯 담담하게 얘기하고 있는 것이 아닌가?

내가 아주 어렸을 때 (아마 다섯 살 정도였을 것이다.) 어머니께서 의사가 되라고 하셨다. 의대를 가야 하는 이유에 대해서는 '아픈 사람들을 도와줄 수 있다'는 것이었지만 그런 이유나 권유로 내 진로가 정해졌을 리 없다. 고등학교 때 공부를 잘했다는 게 내가 의대에 들어온 이유의 전부였다. 공부를 잘하는 아들에 대한 부모님의 권유가 결정적이었던 것은 사실이지만 내가 전공에 대한 다른 비전을 가지고 있었다면 남들의 기대대로 당연히 의대에 가지는 않았을 터였다. 의대는 내게 의사로서의 사명감을 요구하지 않았다. 내게 있었던 유일한 사명감은 의대를 들어가야 한다는, 가족에 대한, 부모님에 대한 사명감 외에는 없었다.

1987년 당시 학교는 전쟁터였다. 최루탄과 구호가 난무했고 학생들은 동맹휴업의 기로에서 헤매고 있었다. 거리에는 돌과 최루탄과 각목이 굴러다녔고 강의실은 비어갔다. 그 와중에 1학년에 갓 들어온 우리는 여기저기 몰려다녔고 매일 열리는 집회를 기웃거렸다. 이런 상황에서 '나는 의대에 왜 들어왔는가'를 고민하는 것은 사치였다. 그런 고민보다는 내일 당장 휴업에 동참해야 하는지 시청 앞으로 가야 하는지를 고민하는 것이 더 급했다. 학생들 중 일부는 투사로 변모했고 일부는 눈을 감았으며 일부는 회색인으로 남았다. 나는 회색인이었다.

회색인인 내가 있어야 할 곳은 도서관밖에 없었다. 도서관에서 집회를 구경했고 책을 읽었고 음악을 들었다. 시답잖은 학과목들에 눈길을 주긴 했지만 그건 위장술이었다. 재미도 없었다. 1학년 때 내가 들었던 과목들은 국어, 독어, 수학, 물리, 화학 등으로 대부분 고등학교에서 배운 것들의 연장이었다. 어떤 과목은 오히려 고등학교 때보다 더 쉬웠다. 시험을 봐야 했으니 공부를 하기는 했지만 그건 도서관에서 시간을 죽이는 행위 이상의 것은 아니었다. 고민을 곱씹을 충분한 시간이 있었지만 그 고민 중에 내가 의대에 오게 된 이유에 관한 고민은 없었다.

교수들이 모였다. 재외국민 특별전형으로 의대에 들어오고자 하는 학생들의 면접이 있는 날이었다. 면접에서 학생들에게 던질 질문이 정해진 것이 아니어서 이것부터 만들어야 했다. 한 교수가 의대에 온 목적이 무엇인지에 관해 물어볼 것을 제안했다. 처음에 나는 반대했다. 질문이 너무 피상적이며 상투적인데다가 학생들이 분명히 그 정도의 질문은 예상하고 답안을 준비해 왔을 것이어서 학생들의 차이를 보기 어려울 거라 생각했기 때문이었다. 하지만 내 생각은 틀렸다. 의대에 왜 오려 하느냐고 묻자 예상 밖으로 학생들 대답이 시원찮았다. 봉사하고 싶어서 오겠다는 학생, 어려서부터 꿈이었다는 학생, 아픈 사람을 돕겠다는 학생, 심지어 돈을 많이 벌어 편하게 살기 위해서라고 대답한 학생도 있었다. 나는 돈을 많이 벌기 위해 의대에 오겠다는 학생의 말을 들으며 솔직하다고 생각했다. 다른 교수들이 그 학생의 말을 들으며 어떤 생각을 했는지는 모른다. 나중에 보니 신입생 명단에 그 학생의 이름은 없었다.

의대를 졸업한 지 벌써 20년이 지났다. 하지만 나는 아직도 내가 '왜' 의대에 갔었는지 알지 못한다. 어쩌면 그 질문 자체가 대답할 수 없는 유형의 것이어서 그럴지도 모르겠다. 나와 같이 졸업한 동기들 중에는 큰 병원을 성공적으로 운영하는 친구도 있고 조그만 동네 의원을 개업한 친구도 있으며 나처럼 환자를 보지 않고 연구만 하는 친구들도 있다. 나는 내 친구들이 현재 자신의 위치에 도달하기 위해 의대에 오려 했었는지는 잘 알지 못한다. 경제적으로 성공한 친구들이라면 지금의 자신의 모습을 보기 위해 의대에 왔었다고 대답할지 모른다. 아니, 동네의 조그만 의원을 운영하는 친구들이라도 그렇게 대답할지 모른다. 하지만 나는 아니다. 생리학자가 되기 위해 의대에 갔던 것은 분명 아니다. 내가 생리학자가 된 것은 의대를 갔던 '결과'이지 목적은 아니었다.

내가 군을 제대한 2년 뒤 서해에서 2차 연평해전이 터졌다. 그때 부상자를 치료하던 어느 군의관의 수기가 인터넷에 화제가 된 적이 있었다. 다음은 그 글 중 일부를 옮긴 것이다. (이 글은 후에 『유진아 네가 태어나던 해에 아빠는 이런 젊은이를 보았단다』란 책에 수록되었다. 글쓴이는 현재 강원대학교 병원 심장내과에 재직중인 이봉기 교수이다.)

(……)

상태는 굉장히 안 좋았다. 출혈이 엄청나서 후송 당시부터 쇼크 상태였고, 수술하는 동안에도 엄청난 양의 수혈이 필요했다. 정형외과와 외과 군의관들이 달려들어 가능한 대로 파편과 총탄을 제거하고, 장루를 복벽으로 뽑고, 부서진 오른쪽 허벅지의 혈관을 이어놓은 상태였다. 엄청난 외상으로 인한 전신성 염증반응 증후군(SIRS)으로 인해 혈압이 쉽사리 오르지 않아 결국, 순환기내과 전공인 나도 박 상병과 인연을 맺게 된다. 스완 갠쯔 도자(폐동맥에 집어넣는 특수 카테터)를 삽입하고 수액과 승압제로 혈압을 힘겹게 유지해 나가는 가운데, 후송 당시부터 있었던 쇼크에 의한 급성 신부전 때문에 신장내과 동료도 힘을 합해 혈액투석을 지속했고, 외상성 급성호흡부전 증후군(ARDS)이 속발해 호흡기내과 동료도 합류한다. 방광손상이 발견되어 비뇨기과 동료도 합세하고, 부비동에 문제가 생겨 이비인후과 군의관도 손을 더했다. 건장했던 박 상병은 다행히도 질긴 생명력을 보여주었고, 그 나날 속에서 나는 평소 테니스 친구, 술친구들에 다름 아니었던 동료군의관들이 실은 대단한 의사들이었음에 새삼스러워 했다.

'너는 반드시 살려낸다!'

박 상병의 숭고한 행동을 여러모로 전해들은 우리 군의관들은 암묵적으로 동감하고 있었다. 이기심으로 질펀한 세월을 뚫고 오면서 형편없이 메말라버린 내 선량함에 박 상병의 회생은 한 통의 생수가 되어줄 것만 같았다. 뭔가 해줄 수 있다는 것……. 레지던트 기간 동안 수없이 지새웠던 하얀 밤들과 바꾸어 들인 중환자관리의 기술이 스스로에게 너무나도 기꺼웠다. 하지만, 감염부위에서 녹농균과 메치실린 내성 포도상 구균이 배양되면서 소위 항생제의 마지막 보루라 일컬어지는 이미페넴, 반코마이신, 아미카신으로 배수진을 치게 되었다.

(……)

어느 날, 박 상병이 다시 중환자실로 내려졌다는 이야기를 들었다. 의식이 나빠져 CT를 찍어보니 뇌실질 전반에 걸친 세균감염이 의심된다는 것이었다. 예의 배수진용 항생제들은 계속 사용되던 중이었고, 중환자실에서 다시 만난 박 상병은 완연히 수척해진 모습으로 인공호흡기와 약병들에 또다시 생명을 매달고 있었다. 새로 개발된 항생제를 민간에서 구매해 사용하기도 했지만 패혈성 쇼크가 이어지며

걷잡을 수 없이 무너져, 결국 9월 20일 금요일 새벽에 젊은 심장은 마지막 박동을 끝냈다.

이틀 뒤 가족들의 오열 속에 우리 병원에서 영결식이 거행되고 박 병장(진급했다……)은 대전국립묘지에 묻혔다. 충무무공훈장도 수여됐다. 하지만 그는 꿈꿔왔을 나머지 인생을 하늘로 가져가야 했고, 그의 부모님은 아들을 잃었다. 그를 만났던 군의관들의 가슴에도 구멍이 났다.

(……)

환자가 없을 때 부대에서 군의관만큼 편한 사람도 없다. 내가 근무했던 부대에는 치과 및 한방 군의관까지 있을 정도로 군의관들이 많았지만 대부분 환자가 없어 스타크래프트나 바둑, 골프로 시간을 때우곤 했었다. 아마 이 군의관도 그랬을지 모른다. 하지만 환자가 왔을 때 그가 보여준 의사로서의 자세나 처치 등은 교과서에 나오는 그대로이다. 아니 그 이상이다. 그가 의대에 왜 왔는지 고민했을까? 나는 모르겠다. 하지만 그런 고민을 하지 않았다고 해서 그가 좋은 의사가 아니었을까? 그건 분명 아니다.

'왜'라는 질문의 답이 항상 있는 것은 아니다. 그리고 때로 그 답은 생각하지 못했던 곳에서 올 수도 있다. 얼마 전에 화제가 되었던 책, 닉 부이치치의 『허그(Hug)』에 보면 닉이 자신과 똑같은 장애를 가진 대니얼을 만나는 장면이 나온다. 닉은 대니얼을 만났을 때 그것을 하나님의 섭리로 받아들였다. 박 상병을 치료했

내 인생의 실험은 아직 끝나지 않았다

던 많은 군의관들이 거기서 박 상병을 만났던 것도 하나님의 섭리인지 나는 모른다. 아마 그들도 나처럼 '왜' 의대에 왔는지 고민하지 않았을지 모른다. 하지만 나는 박 상병과의 만남이 그들에게 자신들의 존재이유에 대해 한 번쯤 돌아보게 만들었을 것이라 확신한다.

의대에 들어오려는 학생들은 아직도 많다. 학교 공부에 치여 사는 그들 중 의대에 왜 가고자 하는지 진지하게 생각해본 학생은 손가락을 꼽을 정도일지 모른다. 한국에서 공부를 잘하면 무조건 의대를 갔던 그 시절 그 바람은 아직도 유효하다. 아무리 정보가 넘쳐나는 요즘이라고 해도 학생들이 의사에 대해 가지는 막연한 환상은 학생들의 묻지마 의대지망을 부추기는 근본적 이유이다. 이럴 때일수록 내가 의대에 왜 가고 싶은지 고민해야 하지만 그런 고민을 하기에 학생들의 학업 부담은 너무 심하다. 의대를 지망하는 이유는 면접 예상문제 이상의 것이 아니다. 그리고 의대를 가야만 하는 이유를 알아야 좋은 의사가 되는 것도 아니다. 물론 그런 고민을 안고 왔다면 더 좋은 의사가 될 것은 분명하다.

나는 이제 '왜 의대에 왔는가'라는 질문을 폐기처분하고자 한다. 졸업한 지 20년이니 이미 공소시효가 지났다. 하지만 이제 내겐 새로운 숙제가 생겼다. 그건 바로 박 상병을 만나는 일이다. 그를 만나 내가 왜 여기에 있는지 내 존재가치를 다시 돌아볼 수 있게 되길 바랄 뿐이다.

생리학에
발을 들여놓다

나는 본과 1학년 때 생리학을 처음 접했다. 해부 실습과 해부학 용어 암기에 치여 숨조차 쉬기 어려웠던 내게 생체의 기능을 강조하는 생리학은 한 가닥 위안이었다. 어느 학문 분야가 위안이 되었다는 것이 좀 우습게 들리겠지만 그만큼 나는 공부에 허덕였다. 서울대 본과 1학년 학생들에게는 라일락 신드롬이라는 것이 있다. 라일락이 필 무렵이면 계속 공부를 할지 아니면 휴학을 할지를 고민한다는 데서 생긴 말인데 내가 그 신드롬의 제물이 될 줄은 몰랐다. 워낙 이름을 외우는 재주가 없던 터라 정해진 시간 안에 사체의 구조물 이름을 적고 다음 구조물이 놓여 있는 자리로 옮기는 속칭 '땡시험'에서 끝에서 3등을 했던 게 결정적이었다. 졸업 성적이 희망하는 과 선택에 지대한 영향을 미치는 터라 7학점이나 하는 해부학 성적을 다시는 만회할 수 없다는 절망감이 나를 옭아맸었다. 그 와중에 접했던 생리학은 이름 따위나 외워야 하는 해부학과는 전혀 다른 학문이었다. 이론이 있고 그것을 설명하기 위한 실험 결과가 있는 생리학에 빠져든 것은 학문 그 자체가 가진 매력 때문이긴 하지만 근본적 동기는 해부학에서 본 쓴맛이었다.

그렇게 허덕이던 1학기를 마치고 여름방학이 되자 난 주저하지 않고 실험을 도우러 생리학 교실에 나갔다. 지금 생각해보면 그때 나가지 않았으면 얼마나 좋았을까 싶다. 인연이 이렇게 질길 줄은 그때는 미처 몰랐었으니 말이다. 유달리 장마가 길게 느껴지던 1989년 여름 생리학 교실에 첫발을 내딛는 순간 날 처음 맞은 것은 포르말린 냄새와 뒤섞인 사체 썩는 냄새였다. 지금은 산뜻한 실험동이 따로 생겼지만 그때만 해도 생리학 교실이 있었던 연구동의 5층에는 해부 실습실이 있어서 포르말린으로 방부 처리된 사체에서 나는 냄새가 장마철의 눅눅한 습기와 함께 건물 전체를 채우고 있었다. 그해 여름 그 냄새를 맡으며 먹었던 짜장면의 기억은 아직도 쉽게 지워지지 않는다.

처음 접한 실험실의 모습은 매우 충격적이었다. 여기저기 놓인 실험도구들과 실험동물의 냄새, 냉방도 잘 되지 않아 외부 기온에 따라 변하는 실내 온도, 한눈에도 알아볼 수 있는 구닥다리 기계들. 항상 깨끗한 정장 차림으로 강의를 하셨던 선생님들과는 전혀 어울리지 않는 실험실 모습에 실망감을 넘어 배신감마저 들었다. 미래의 나의 지도교수님을 처음 뵌 것도 그해 여름이었다. 그때 선생님은 반바지에 런닝셔츠를 입고 그 위에 실험복을 걸치고 계셨다.

사체 썩는 냄새와 매미소리, 견디기 어려운 눅눅함 속에서 본과 1학년의 여름이 갔다. 실험실에 나오기로 했던 건 정말 최악의 선택이었다는 후회도 지쳐갈 때쯤 생리학 교실 선생님들의 환송회와 함께 그해 여름의 악몽은 끝이 났다. 생리학에 대한 달콤한 환상도 여름과 함께 떠나보냈다.

하지만 다음 해 여름 나는 또다시 생리학 교실의 문을 두드렸다. 지금 생각해도 불가해한 일이지만 그땐 그래야만 된다고 생각했었다. 생리학이 나와는 상관없다는 것을 고집스럽게 스스로에게 각인시키고 싶었다. 그해 여름 두 번째 환송회를 마치며 생리학과의 인연을 정리했다고 생각했다.

본과 3, 4학년의 임상실습은 축복 같았다. 난 환자 보는 것을 좋아했고 또 잘 보았다. 때로 열성이 지나쳐 보호자의 항의 때문에 병실에서 쫓겨나는 수모도 겪었지만 환자를 보면서 의대에 들어온 보람을 느꼈다. 아이의 출산과정을 직접 보거나 진단이 어려운 환자의 병명을 맞추거나 암진단을 받았지만 악화되지 않고 무사히 퇴원하는 환자를 보는 기쁨은 생리학적 원리를 이해하며 뿌듯해했던 것에 비할 바가 아니었다. 가운과 넥타이, 청진기에 익숙해지면서 생리학은 까맣게 잊어버렸다. 나는 비로소 내가 갈 길을 찾았다고 생각했었다.

본과 4학년 기말고사가 얼마 남지 않았던 어느 겨울날 아버지께서 나를 부르셨다. 이런저런 말씀을 하시다가 지나가는 말처럼 한마디 툭 던지셨다. 의사가 되겠느냐고. 예상치 못한 질문이어서 대답을 못 하고 있자니 무엇 때문에 의사가 되려느냐고 재차 물으셨다. 돈이야 다른 직장에 비해 더 벌겠지만 환자들에게 시달리고 자기 시간도 없는 일을 왜 하려느냐고 말씀하셨다. 아마도 내가 본과 1, 2학년 때 생리학 교실에 나갔던 일을 염두에 두신 듯했다. 그러면서 연구를 할 수 있다면 그런 직업을 택하라고 말씀하셨다. 당신께서 교수이셨으니 그런 생각을 하셨는지 모르겠지만 생리학을 오래전에 포기하고 의사가 되겠다고 생각하고 있던 내겐 재고의 여지가 없는 말씀이었다.

의대를 선택한 것은 특별한 목적이 있어서가 아니었다. 비록 어렸을 때 어머니께서 종종 의사가 되면 불쌍한 사람들을 도울 수 있다는 이야기는 하셨어도 다섯 살도 안 되어 들었던 그 말씀이 대학입학 때까지 내게 영향을 주었던 것은 아니었다. 당시엔 전교 1, 2등을 하면 의대를 가는 게 당연한 일이었다. 게다가 난 뚜렷한 목적의식을 가질 만큼 깨어 있었던 천재가 아니었다. 하지만 본과 3, 4학년을 거치며 난 분명히 내 길을 찾았다고 생각했었다. 이제와 진로를 바꾸는 것은 정말 터무니없었다.

아버지의 말씀이 있은 후 나는 계속 고민했다. 시험공부도 할 수 없었다. 그러던 어느 날 생리학 교실로 걸음을 옮겼다. 하든 하지 않든 상담이라도 받고 싶었다. 내 얘기를 들은 선생님께서는 벌써 지원자가 한 명 있지만 나를 받아줄 수는 있다고 말씀하셨다. 일단 더 시간을 달라고 말씀드리고 다시 돌아나올 수밖에 없었다.

결단을 내리지 못하고 시간을 보내던 나는 생리학 교실의 선배 두 분과 상담할 기회를 잡았다. 지금은 그때 나눴던 대화를 다 기억하지 못한다. 그러나 그때 한 선배가 내게 이런 말을 했었다. "생리학을 하게 되면 자신만의 공간과 시간을 가질 수는 있지." 난 그 말에 생리학을 하겠다고 결심을 했던 것 같다. 나 혼자 창조할 수 있고 지킬 수 있는 공간과 시간을 왜 그리 탐냈었는지 아직도 이해하지 못하지만 그 선배의 말이 틀린 말은 아니었다. 가끔씩 외판원들이 연구실 문을 두드리며 불쑥 들어올 때만 빼고 말이다.

동기의
선물

1993년 졸업과 함께 대학원생이자 조교로서의 일상이 시작되었다. 당시 서울대 생리학 교실의 연구주제는 크게 심혈관, 위장관, 신경이었는데 나는 그중 신경생리학을 전공하고 싶었다. 하지만 작은 문제가 있었다. 함께 생리학을 전공하게 된 동기가 신경생리학이 아니면 생리학을 전공하지 않겠다고 공언했기 때문이었다. 대학원생이 부족했기 때문에 특정 선생님이 학생을 둘씩이나 받는 일은 적어도 93년도의 생리학 교실 사정으로서는 받아들이기 어려운 일이었다. 그러나 나는 그 문제에 관해서는 고집을 피우지 않았다. 신경생리학이 나름 독특한 접근방식을 가지고는 있지만 큰 틀에서 본다면 위장관 생리학의 접근방식과 그리 큰 차이가 없었고 무엇보다 신경생리학에 대한 나의 양가감정이 신경생리학을 끝까지 고집하지 못하도록 만들었기 때문이었다.

앞서 나는 본과 1, 2학년 여름방학 동안 생리학 실험을 도우러 왔다가 실망만 하고 돌아갔다는 얘기를 했었다. 그때 지켜보고 도왔던 실험이 바로 신경생리학 실험과 임신토끼 실험이었다. 그 실험들을 2년간 지켜보고 난 후 내가 내렸던 결론은 '도저히 인간으로서 할 만한 실험이 아니다'였다. 왜 그런 결론에 도달했는지 독자들의 이해를 돕기 위해 신경생리학 실험실에서 내 동기가 하던 실험 하나를 소개해보겠다.

생리학 교실에 들어간 후 동기는 척수(spinal cord)에서 통증과 관련된 세포를 찾는 실험을 했다. 실험은 오전 10시경 고양이가 실험실로 배달되면서 시작되었다. 고양이를 마취시키고 인공호흡기를 연결하여 호흡을 유지시킨다. 호흡, 혈압, 체온 등이 일정하고 마취가 성공적으로 유지되면 고양이를 틀에 고정한 후 척추를 제거하고 척수를 노출시킨다. 이렇게 준비가 되면 전극을 척수에 찔러 넣고 고양이의 발바닥에 유해한 자극을 주면서 척수에서 통각에 반응하는 세포들을 찾는다.

실험과정을 글로 나타내면 이처럼 단 몇 줄로 요약되지만 실제 실험은 그렇지 않다. 실험의 첫 관문인 마취도 초보자에게는 쉬운 일이 아니다. 그물망에 갇혀 있다고는 해도 고양이는 호랑이의 먼 친척뻘 아닌가? 게다가 본능적으로 생명의 위협을 느낀 동물들의 반응은 한순간의 방심도 허락하지 않는다. 고양이 실험만 몇 년을 했던 선배도 마취를 하다가 고양이에게 물려서 병원신세를 지는 경우를 직접 보았으니 말이다. 다리는 떨리고 입은 바싹 마른다. 서둘러서도 안 된다. 용량이 조금이라도 과하거나 주사를 너무 급하게 놓아도 쉽게 죽기 때문이다. 고양이가 죽으면 다시 주문을 해야 한다. 그러면 실험시간이 늦어지고 쉬는 시간도 줄어든다.

마취가 잘 되었다면 그때부터 수술이 시작된다. 절개부위를 다시 봉합하거나 수술 후에도 다시 살려야 할 필요는 없지만 마구잡이로 수술을 할 수는 없다. 병원의 수술실에서 벌어지는 일이 실험실에서도 똑같이 일어난다. 큰 혈관을 건드려 출혈이 심하면 실로 묶고 작은 혈관이 터지면 전기 소작기로 지진다. 수술이 서툰 사람이 처음 하면 수술 내내 고기 굽는 냄새가 진동을 한다. 수술이 익숙한 사람에게도 돌발상황은 항상 복병처럼 기다리고 있다. 수술 중에 고양이가 죽는 일이 흔하지는 않았지만 드문 일도 아니었다. 수술 후 전극을 설치하면 실험준비는 끝난다. 이때가 대략 오후 1시에서 2시 사이가 된다.

식사를 마치고 본격적으로 실험에 돌입하는 시간은 대략 4시경이다. 이때부터는 결과를 얻을 때까지 시간과 지루하게 경쟁을 할 수밖에 없다. 수술 후의 고단함이 몰려오는 때도 바로 이때다. 통증에 반응하는 세포가 있을 것으로 예상되는 지점을 향해 전극을 조금씩 밀어 넣으면서 눈과 귀는 전극을 통해 올라오는 반응을 놓칠세라 모니터와 스피커에 집중한다. 실험자들의 표현을 빌면 낚시를 한다고 하는데, 실험에 따라 다르지만 어려운 실험의 경우

한 번의 실험에서 낚을 수 있는 세포는 1~2개 정도에 불과하다. 그것도 새벽 2~3시까지 해서 말이다. 내가 본과 1, 2학년 때 본 실험도 이와 크게 다르지 않았다.

본과 1, 2학년 여름방학 동안 그 실험을 끝까지 본 적은 없었다. 학생인 것을 감안해 선생님들께서 실험이 끝날 때까지 잡아놓지 않으셨기 때문이었다. 끝까지 붙드셨더라면 생리학을, 특히 신경생리학을 전공하겠다는 생각은 추호도 하지 않았을 것이었다. 그런 사정을 잘 알고 있는 내가 동기의 고집을 꺾을 이유가 없었다. 후에 동기는 내게 이렇게 얘기하곤 했다. "자식, 사정 다 알고 있으면서 선심 쓰듯 가져가라 한 것 아냐?" 나는 그가 그렇게 얘기하면 씩 웃곤 했다. 사실이 그러했으니 말이다. 자신이 선택한 길이니 어쩔 수 없다고 생각하면서도 동기에 대한 미안함은 늘 마음 한구석에 남아 있었다.

처음 생리학을 시작하는 내가 할 수 있는 일은 많지 않았다. 책과 논문을 읽고 세미나에 참석하고 수업을 따라 들어가는 것 외에 실험을 배우는 정도였다. 교실의 여러 선생님들도 갓 걸음마를 시작한 대학원생에게 학생 수업과 실습 외에는 그리 큰 책임을 지우지 않으셨다. 단, 누구나 싫어했던 임신토끼 실험만은 예외였다.

임신토끼 실험은 토끼의 태아를 둘러싼 양수의 순환에 관한 실험이었다. 나는 임신토끼 실험을 본과 1학년 여름방학 때 생리학 교실에 실험을 도우러 갔다가 처음 접했다. 한 번 실험에 여러 마리의 태아가 필요하고 실험하기에도 적당한 크기여야 하며 쉽게 구할 수도 있어야 한다는 점에서 토끼는 적당한 실험대상이긴 했다. 하지만 실험의 목적을 몰랐던 본과 1학년의 눈에는 잔인하고 역겹기만 했다. 실험대 위에는 마취된 토끼가 사지를 묶인 채 자궁을 드러내 보이고 있었는데 갈라진 자궁 위로는 양막에 둘러싸인 토끼의 태아들이 널려 있었다. 장마철의 습기로 눅눅했던 실험실은 비릿한 피냄새로 채워져 있었다. 임신토끼 실험을 본 이후 나는 생리학을 사람이 할 학문이 아니라고 생각했었다.

임신토끼 실험을 처음 본 후로 약 4년이 흘렀지만 변한 건 별로 없었다. 실험실만 바뀌었을 뿐 수술대 밑에 고이는 피와 오줌, 실험이 끝나도 지워지지 않는 피비린내는 본과 1학년 때와 다를 바 없었다. 하지만 학생 때와는 처지가 달랐다. 학생 때는 실험이 잘되건 못 되건 나와 상관없었다. 그러나 조교가 되고 그 실험에 대한 책임을 지게 되자 실험에 대한 호불호를 따질 형편이 아니었다.

임신한 토끼는 마취도 어렵다. 임신 때문에 체중이 불어서인지 적절한 용량을 주입해도 기별이 없다. 그렇다고 더 주기도 어렵다. 조금만 지나치면 갑자기 죽는 경우도 허다하기 때문이다. 마취가 되면 사지를 수술대에 묶고 목 부위의 털을 깎고 기관을 노출, 절개한 후 튜브를 삽입하여 호흡을 안정시켜야 한다. 이 과정은 늘 어렵다. 마취가 채 되지 않았는데 기관지에서 가래 끓는 소리가 나면서 상태가 나빠지면 마취 여부와 상관없이 토끼를 묶고 기관을 열어야 했다. 물론, 토끼의 애처로운 비명소리는 어쩔 수 없는 덤이었다. 마취가 잘 되어 안심했다가 기관 주위의 정맥을 잘라 피바다를 만든 일도 여러 번 있었다. 마취를 안정적으로 하는 데도 한 달은 족히 넘게 걸렸던 것 같다.

임신토끼 실험을 한 지 얼마 되지 않아서였다. 그날도 마취가 잘 되지 않아 어려움을 겪다가 겨우겨우 실험준비를 마쳤다. 시약을 양막에 주입했다가 다시 채취하는 과정만 남겨놓고 있었다. 그런데 갑자기 토끼의 상태가 나빠지기 시작했다. 수술과정에서 피를 너무 많이 흘린 것 같았다. 정맥으로 생리 식염수를 더 주입해 보았지만 소용이 없었다. 호흡이 멎었다. 같이 실험을 하던 동기는 아무 일 없다는 듯 실험도구를 챙기기 시작했다. 나는 그럴 수 없었다. 임신토끼 실험을 하는 동안 나는 나름 절박했었다. 임신토끼 실험은 생리학 교실의 가장 어른이신 선생님의 실험이었다. 연구비도 많지 않았는데 토끼 가격이 비싸서 토끼를 구입할 때마다 부담이 되었다. 게다가 나만 먼저 조교 발령을 받은 상태였다. 밥값 못한다는 소리는 듣기 싫었다. 실험을 시작한 지 두어 달 가까이 되어가는데 결과가 하나도 없어서 이 토끼만은 어떻게든 살리고 싶었다. 토끼의 심장을 주무르고 토끼의 입에 대고 인공호흡도 시도했다. 식염수 양도 늘려보았다.

하지만 심장은 다시 돌아오지 않았다. 너무 화가 났다. 토끼를 다시 죽였다는 게, 오늘도 결과를 못 얻게 되었다는 게. 그리고 야속했다. 동기 녀석이 아무 일도 없었다는 듯 너무나 쉽게 실험을 포기하는 게. 나는 그날 동기 녀석과 결국 한 판 벌이고 말았다.

내 인생의 실험은 아직 끝나지 않았다

주먹이 오간 것은 아니었지만 나는 이해할 수 없다고 그를 힐난했다. 동기도 지지 않았다. 그 친구의 지적은 빈사상태에 빠진 토끼에서 어떤 결과를 얻더라도 그걸 믿을 수 있겠는가 하는 게 요지였다. 화가 나서 머리가 돌 지경이었지만 그 말을 듣는 순간 나는 더 이상 화를 낼 수 없었다. 동기의 말이 백번 옳았기 때문이었다. 죽은 토끼를 사이에 두고 우리는 화해했다. 그 친구도 우리의 형편을 알고 있었다. 명목상 내가 이 실험을 책임지고는 있었지만 그도 자유롭지는 못했다. 그도 나만큼 그 실험을 성공시키고 싶었던 것이다. 그 싸움 이후 우리는 서로를 더 잘 이해하게 되었다.

실험은 잘 안 되는 경우가 더 많다. 아니, 오히려 잘 되는 경우가 드물다. 실험이 잘 안 될 때는 대개 특별한 이유가 있는 경우가 많다. 물론 그 이유를 찾기는 어렵다. 나는 석사학위 마지막 학기 여름 한 달 동안 단 한 개의 결과도 기록하지 못했던 적이 있다. 실험 테이블의 평형이 깨져 한쪽으로 조금 기울어졌던 것이 원인이었지만 그런 일 때문에 실험이 안 된다는 것을 누가 상상이나 했겠는가? 학위 논문이 코앞인데 실험이 안 되는 그런 경우에는 어떻게든 하나라도 더 기록하려 노력한다. 세포나 동물의 상태는 문제가 아니다. 어떤 결과가 사실인지 확인하려면 최소한 동일한 결과를 예닐곱 번은 관찰해야 한다. 네 번 동일한 결과를 관찰했다고 하자. 두 번 정도만 더 동일한 결과를 관찰한다면 확신이 설 것 같은데 갑자기 실험이 안 되는 경우 실험자는 미친다. 하루이틀 정도면 뭐 그럴 수도 있다고 하겠지만 그런 일이 한 달, 두 달 계속된다고 생각해보라. 보통의 인내심으로는 이겨내기 어렵다. 나는 한 달 동안 단 한 개의 결과도 얻지 못했을 때, 비슷한 결과를 힘들여 얻게 되면 다른 조건은 보려고 하지도 않았다.

　나는 동기와의 다툼을 통해 많은 것을 배웠다. 무엇보다 실험에 대한 진지한 태도를 내 동기에게 배웠다. 버려야 할 것은 아무 미련 갖지 말고 버려야 한다는 것. 그 태도는 그 후 내 실험에 많은 도움을 주었다. 버릴 것을 미련 갖지 않고 버리니 무엇이 중요한지 눈에 더 잘 들어왔다. 학위 과정 중에 거두었던 조그만 성공들도 모두 거기서 비롯된 것이다. 지금은 잘 만나기 어려운 그 동기의 교훈을 나는 아직도 소중히 간직하고 있다.

새 생명

임상실습은 본과 3학년부터 한다. 3학년 때의 실습과목은 내과, 외과, 산부인과, 소아과 등으로 각 병동을 순환하며 환자들을 만나게 된다. 나는 산부인과부터 돌았다. 산부인과 실습은 기대보다 걱정이 앞섰다. 환자들을 만난 경험은 본과 2학년 말 의사-환자 상호작용을 배울 때의 딱 두 시간 정도가 다였다. 무엇보다 여성들의 벗은 몸을 보게 된다는 것이 가장 신경 쓰였다. 가운을 입고 넥타이를 맸다고 학생이란 걸 모를 리 없는 환자들의 반응도 걱정스러웠다.

걱정했던 순간은 너무 빨리 찾아왔다. 처음에 간 곳은 초음파실이었는데 거기서 하의를 거의 다 벗다시피 한 환자를 만나고 말왔다. 어두운 초음파실, 모니터에서 퍼져 나오는 빛에 반사된 몸이 파랗게 빛나고 있었지만 몸매를 감상할 상황은 아니었다. 환자는 너무 고통스러워했고 추운지 몸을 무척 심하게 떨고 있었다. 추워하는 환자를 위해 담요를 덮어주는 일 외에 내가 해줄 수 있는 일은 없었다. 첫 실습을 끝내고 나오니 옷은 땀으로 온통 축축했다. 실습을 끝내고 나왔을 때 내 머릿속에는 그 환자의 나신이 남아 있지 않았다. 고통스러워하며 떨고 있던 환자에게 담요를 덮어주는 일 외의 다른 일을 찾지 못한 내가 한심스러울 뿐이었다.

산부인과의 꽃은 출산이다. 나의 실습에는 출산을 지켜보는 일도 포함되어 있었다. 실습을 나가기 전 출산에 관한 비디오를 보고 갔음은 물론이다. 비디오에 나온 여성은 건장한 미국인이었다. 그 사람은 아이를 무척 쉽게 낳았다. 엄마에 비해 매우 작은 아기는 산모가 몇 번 힘을 주자 수월하게 세상 밖으로 나왔다. 정말 '쑥' 하고 말이다. 그 뒤는 우리가 영화에서 흔히 보는 장면들이었다. 포대에 싸인 아기를 받아들고 엄마는 행복한 미소를 지었고 둘러선 의료진들이 미소를 띠며 아기와 엄마를 축복해주었다. 사극에서 흔히 보는, 입에 천조각을 물고 천장에 달아맨 줄을 잡고 신음하는 장면은 없었다. 마치 캥거루가 주머니에서 아기 캥거루를 꺼내 듯 '쑥' 하고 꺼내는 것이 출산 비디오의 전부였다. 하지만 실제로 본 출산장면은 비디오와는 완전히 딴판이었다.

분만대기실에서 오랜 진통 끝에 자궁이 어느 정도 열리고 아기가 내려오기 시작하면 산모는 분만실로 옮겨진다. 분만실에서 의

내 인생의 실험은 아직 끝나지 않았다

료진의 도움을 받으며 힘을 주다보면 아이는 더 많이 밀려 내려온다. 때가 되었다 싶으면 의사는 서둘러 마취를 하고 회음절개를 한다. 분만장에서 출산 때마다 보는 회음절개는 정말 섬뜩했다. '삭뚝' 가위소리가 들리고 절개부위에서 피가 맺힐 때마다 나는 마치 나의 성기가 잘려나가는 느낌이 들곤 했다. 뒤이어 피와 체액으로 범벅이 된 아이의 머리가 보이고 의료진의 재촉이 더해지면 아이는 세상에 모습을 드러낸다. 아기가 나오고 나면 태반을 꺼내야 했다. 산모의 몸에서 나온 태반의 모습은 마치 영화 〈에일리언〉에 나오는 괴물의 그것처럼 흉하고 괴기스러웠다.

사실 출산을 보는 것은 그리 유쾌한 일이 못 된다. 미국 드라마 〈프렌즈〉의 한 주인공 챈들러 빙의 대사를 빌자면 역겨운 장면일 수도 있다. 출산과정의 각종 처치들, 산모의 신음소리는 정말 견디기 어렵다. 하지만 아기의 탄생은 언제 보아도 경이롭다. 아기가 산도를 빠져나온 후에도 의사가 할 일은 남아 있다. 태반을 꺼내는 일이 대표적이다. 아기도 나왔으니 태반쯤이야라고 생각할 수 있겠지만 그렇지 않다. 무사히 끝나는 경우가 대부분이지만 태반이 나온 후 출혈이 멈추지 않는 경우는 응급상황이 된다. 그러므로 학생들은 아기가 산도를 빠져나온 후에도 의사의 처치를 계속 주시해야만 한다. 하지만 나는 그러지 않았다. 나는 간호사들이 아기를 씻기고 무게를 재고 천으로 닦는 과정을 뭐 그리 볼 게 있다고 눈을 떼지 못했다. 동료들은 내가 그럴 때면 "야, 쟤 또 저기 간다"며 수군거리곤 했다.

갓 태어난 아기들의 얼굴은 대부분 엉망이다. 하지만 정말 다들 예뻤다. 김이 모락모락 나는 핏덩이가 손발을 뻗쳐가며 울어대다가도 엄마 가슴 위에 누이면 울음소리가 잦아들었다. 아기는 경이 바로 그 자체다. 피비린내와 소독약 냄새, 의료진의 고함과 산모의 신음소리에도 불구하고 산부인과 실습을 아름답게 기억하고 있는 것은 바로 갓 태어난 아기들 때문이다.

산부인과 실습이 내게 좋은 기억으로 남은 이유 중 하나는 내가 경험했던 산모 덕분이기도 하다. 그 산모는 서울대 병원 간호사였고 부모의 사회적 지위도 높아 병원에서 소위 VIP로 분류해 놓은 산모였다. 분만실로 가기에는 아직 아기가 충분히 내려오지 않아 산모는 분만대기실에 있었는데 나는 산모가 VIP란 것도 모른 채 분만 대기실에 들어갔었다. 아침이었다. 담당의는 빨리 아기가 나올 것 같지 않자 다른 일로 나가고 방에는 나와 산모 외에는 아무도 없었다. 산모는 밤새 계속된 진통에 지쳐 있었고 내가 해줄 일은 없었다. 내가 방에 들어가고 얼마 지나지 않아 다시 진통이 시작되었다.

걱정이 되어 침대 옆에 다가갔다가 그만 손목을 잡히고 말았다. 나는 손목이 부러지는 듯한 통증을 느꼈지만 아프다는 말도 못 하고 손목을 잡힌 채 계속 옆에 서 있을 수밖에 없었다. 진통이 올 때마다 산모는 내 손목을 더 꽉 잡았고 나는 아프다는 표정을 짓지 않으려 노력해야 했다. 배운 대로 환자의 호흡을 도우면서 계속 산모를 안심시키려 애썼다. 진통이 계속되는 동안 나는 아기

가 머리부터 내려오는지, 어느 쪽을 보고 누웠는지, 얼마나 내려왔
는지 알고 싶었다. 그걸 알려면 내진을 하는 수밖에 없었다. 그래
서 내진을 해도 괜찮은지 산모에게 물었다. 산모는 내가 학생이라
는 것을 알고 있었다. 거절하면 그만이었다. 하지만 산모는 기꺼이
내게 맡겼다. 나는 지금도 그 산모가 내게 그걸 왜 허락했는지 알
지 못한다.

오전 내내 산모 옆에서 손목을 잡혔던 것 외에 내가 한 일이 없
었는데 산모는 나를 믿었던 것 같다. 그것 외에는 그 일을 설명할
수 없다. 장갑을 끼고 손가락을 전진시켰다. 아기의 머리가 만져졌
다. 부드럽고 말랑했다. 생명이 바로 내 손가락 끝에 걸려 있었다.
아기가 누워 있는 산도는 아기의 생명이 달려 있는 곳이다. 대부
분의 아기는 문제없이 태어나지만 출산이 지연되는 경우 아기가
누워 있는 산도는 생명길이 아니라 사망에 이르는 길이다. 내 손
끝에 걸린 아기는 아무런 반응이 없었다. 말랑하고 따뜻한 머리만
이 자신이 살아 있음을 증명해 보였다. 나는 그 산모의 출산을 보
지 못했다. 오후 수업이 있어서 얼마 후 그만 떠나야 했기 때문이
었다. 나중에 나는 담당 주치의에게 야단을 맞았다. 학생이 감히
VIP에게 내진을 했다는 죄목이었다.

토요일이어서인지 차가 자꾸 막혔다. 숭실대를 지나 총신대로
내려가는 길에는 개나리가 만발했다. 아내는 밤새 끙끙거렸고 배
가 아프다고 했다. 병원에 도착하니 벌써 자궁이 많이 열려 있었

다. 내가 겪은 산모들은 대부분 죽는다고들 야단이었는데 아내가 밤새 겪은 진통은 산통으로 보기엔 아주 약했다. 아이는 병원에 도착한 지 두 시간 만에 나왔다. 아내의 분만과정은 내가 보았던 다른 산모들에 비해 순조로운 편이었다. 하지만 나는 맘이 급했다. 나는 의사나 간호사 이상으로 아내를 다그쳤고 혹시나 제왕절개를 해야 하는지 의사에게 물었다. 아내는 지금도 분만대기실에서 자기를 다그쳤던 일을 섭섭해한다.

태줄은 내가 잘랐다. 태줄은 생각보다 질겼다. 미끈거려 가윗날이 밀렸다. 두어 번의 서툰 가위질에 마침내 태줄이 끊어졌을 때 아이는 엄마와의 연결이 끊긴 것을 애통해하며 울었다. 하지만 태줄이 끊어지는 순간 엄마와 아기는 새로운 끈으로 묶였다. 뱃속에 들어서기 전부터 정해진, 태줄보다 질기고 질긴 인연이 바로 그 끈이다. 아이를 낳은 날 저녁 아내가 누워 있던 병실에 간호사가 아이를 데려왔다. 그때까지만 해도 아파서 꼼짝을 못하던 아내는 아이가 나타나자 금방 벌떡 일어났다. 자신의 아픔은 금방 잊었다. 목을 가누지 못하는 아기가 혹시나 다칠까 아기를 받아 안는 모습은 임금 앞에 쩔쩔매는 신하처럼 보였다. 아내는 간호사가 아이를 다시 데려갈 때까지 아프다는 말 한 마디, 신음소리 한 토막 흘리지 않았다.

아이의 성장과정은 태줄이 끊기는 과정의 반복이다. 태줄이 끊기며 아기가 처음으로 자신의 호흡을 하듯 아이는 그렇게 성장한다. 어린이집, 유치원, 초등학교에 들어가며 아이는 울었고 그 과

정을 통해 아이는 자랐다. 탯줄은 내가 혹은 사회가 끊었다. 탯줄
이 끊길 때마다 엄마는 새로운 끈으로 아이와 소통했다. 그건 아
빠인 나로서는 도저히 연결할 수 없는 그런 끈이다. 아이는 그 끈
을 통해 새로운 환경에서 살아갈 힘을 얻는 듯했다. 이 끈이 언제
까지 연결될 수 있을지, 이 끈을 통해 얼마나 많은 것을 아이에게
줄 수 있을지 잘 모르겠다. 내 나이 벌써 마흔을 넘은 지금도 어머
니께선 내게 무언가를 주려고 하시는 걸 보면 끈이 언제 끊어질지
는 대충 짐작이 간다.

삶에서 가장 중요한 것은 무엇인가를 키우는 일이다. 그중 으뜸
은 분명 자식을 키우는 일이라 믿어 의심치 않는다. 비록 내가 산
부인과 의사가 되지는 못했지만 의과대학에서 겪은 산부인과 실
습은 내게 생명이 무엇인지, 가장 소중한 것이 무엇인지를 알려준
참 아름다운 경험이었다. 피와 소독약 냄새, 비명과 고함도 생명
탄생의 아름다움을 가리지는 못했다.

영등포
시립병원

여름이 되면 어김없이 생각나는 음식이 있다. 콩국수다. 콩국물에 소금 간을 한 평범한 맛이지만 적어도 한 번은 먹어야 여름을 넘기는 음식이다. 사실 나는 콩국수를 그리 좋아하지 않았다. 국수는 무엇이든 다 좋아하는 편이지만 콩국물의 깔깔함이 싫어 일부러 찾아서 먹는 편은 아니었다. 여름마다 콩국수를 찾게 된 건 어느 여름 영등포 시장에서 먹었던 콩국수 때문일 것이다.

본과 3학년 때인지 4학년 때인지 기억이 확실하지는 않지만 어느 여름날 나는 영등포 시립병원에 실습을 나가게 되었다. 당시 학생들은 영등포 시립병원을 서울에서 유일하게 쥐가 들끓는 병원 정도로 인식하고 있었다. 1988년 대한병원협회지에 이 병원이 소개된 적이 있는데 그 기사를 보면 왜 그랬는지 대충 짐작이 간다. 기사에는 1955년에 개원한 이 병원을 주로 찾는 환자들의 40%가 의료보호 환자이고 나머지가 의료보험 환자와 일반 환자인데, 일반 환자의 경우 의료보호 환자보다 더 가난한 경우가 많았다고 나와 있다. 특진도 없었을 뿐더러 일반 환자에 대한 의료수가가 의료보험 환자의 수가를 넘지 못하도록 되어 있었다고 하니 병원의 궁색함이 눈에 보이는 듯하다. 이곳의 환자들은 불우한 환경 탓에 복합 감염된 경우가 많고 돌봐주는 가족이 없거나 있다 하더라도 병자를 병원에 방치한 채 연락이 끊어진 경우도 많아 병원이라기보다 수용소에 가깝다고 할 수 있었다. 재정난으로 운영의 어려움을 겪던 시립병원은 1987년 12월 서울대학교 병원이 위탁운영을 하면서 이 병원과 인연을 맺게 된다. 내가 본과 3학년이었을 때가 1991년이었으니 서울대가 운영을 맡은 지 4년째 되던 해다.

내가 그 병원으로 실습을 나가게 되었다고 하자 선배들은 병원이 너무 음침하거나 더럽더라도 놀라지 말며 거기에 있는 의사들은 일손이 모자라니 본인의 노력에 따라 새로운 경험이 가능할 수 있을 것이라고 했다. 정말 그랬다. 그곳은 병원이라면 이래야 한다는 나의 생각을 완전히 무너뜨렸다. 그곳은 도심 속에 놓인 수용소였다.

처음 본 환자는 욕창으로 고생하던 행려병자였다. 그 환자의 욕창 부위를 소독하기 위해 인턴이 병실로 향했고 나도 동행했다.

수술 부위를 소독약으로 닦아내는 일은 흔히 봐오던 것이라 늘 격무에 시달리고 있는 인턴을 조금이라도 도와주고 싶었다. 내가 하겠다고 하니 그 인턴은 무척 기뻐하는 듯했다. 그러고는 내게 몇 가지 주의할 점을 얘기해주고 소독용 기구들을 넘겼다. 그저 그런 일을 하리라 생각하며 환자 앞에 선 순간, 내 판단이 틀렸음을 금방 알아챘다. 환자의 환부는 예상 밖이었다. 환부는 엉덩이뼈가 있는 부위였는데 있어야 할 살이 보이지 않았다. 환자의 뼈가 노출되어 있었다. 피부와 근육은 썩어 고약한 냄새를 풍기고 있었고 그 한가운데 뼈가 보였다. 환자의 나이는 60대 후반으로 보였는데 영양 상태가 무척 안 좋은 편이었다. 환자의 환부를 소독하는 동안 환자는 거의 움직이지 않았다. 아플 법도 한데 아프다는 얘기도 하지 않았다. 마치 살아 있는 시체를 보는 듯했다. 나는 그날 내내 살 썩는 냄새에 시달렸다.

실습 이틀째, 나는 어느 환자의 동맥혈을 채취해 오라는 지시를 받았다. 동맥혈 채취는 정맥혈 채취와 다르다. 병원 채혈실에 가면 흔히 볼 수 있는, 환자가 팔에 고무줄을 감고 팔을 펴고 있으면 간호사들이 드러난 혈관에 주사기를 비스듬히 눕혀 찌르는, 그런 식의 채혈이 아니다. 그 정도의 채혈이라면 쉽게 할 수 있었다. 하지만 동맥혈 채취는 그때까지 한 번도 시도해본 적이 없었다. 동맥은 일반적으로 정맥보다 깊은 곳에 있어서 주사기를 비스듬하게 찌르지 않는다. 교과서에는 동맥과 직각으로 주사기를 찔러 넣어 동맥을 관통한 뒤 주사기를 서서히 뒤로 빼면 동맥을 관통한 주사기가 다시 동맥으로 들어가는 순간 동맥혈이 압력에 밀려 나오면서 쉽게 채혈할 수 있다고 되어 있다. 말은 간단해 보이지만 눈에 보이지 않는 동맥을 손으로 더듬어 찾고 그 부위를 정확하게 찌르는 것은 교과서에 나온 것처럼 쉽지 않다. 게다가 혈관은 여러 조직으로 둘러싸여 있고 단단히 고정되어 있는 것도 아니어서 들어오는 주사 바늘에 밀릴 수도 있기 때문에 초심자가 단 한 번에 정확하게 채혈할 가능성은 매우 낮다. 지금 생각해보면 내가 왜 그 일을 하겠다고 그랬는지 모르겠지만 그때는 서울대학교 병원에서는 할 수 없었던 일이니 거기서라도 경험해보겠다는 마음이 강했다.

병실로 들어서니 50 중반의 아주머니가 나를 맞았다. 손등 아래를 수건으로 받치고 손목을 꺾어 최대한 맥이 잘 드러나도록 한 후 채취할 부위를 소독했다. 온몸에 땀이 비 오듯 흘렀지만 나는 애써 아무렇지 않은 듯 행동했다. 실행하기가 너무 두려웠지만 소독만 계속할 수는 없는 노릇이었다. 손끝의 감각에 최대한 집중하면서 주사기를 천천히 밀어 넣었다. 분명 이 정도 깊이면 주사기 안으로 혈액이 들어와야 한다고 생각했는데 주사기에는 아무런 반응도 없었다. 이렇게 되면 주사기를 빼거나 주사기 끝의 각도를 조금 바꿔서 찌르는 수밖에 없다. 빼면 다시 찔러야 한다. 그 짓은 다시 못 할 것 같았다. 이왕 찔렀으니 여기서 끝을 보는 게 낫다고 생각했다. 바늘 끝의 각도를 다시 조정했다. 그리고 다시 찔렀다. 바늘을 서서히 뒤로 뺐지만 피는 보이지 않았다. 이젠 어쩔 수 없다. 바늘을 빼는 수밖에. 이미 온몸은 땀에 젖었다. 나를 쳐다보는 아주머니의 표정은 시시각각 변해갔다. 바늘을 처음 찌르는 순간 통증을 억지로 참던 아주머니는 바늘을 돌려서 다시 찌르는 순간 어이없다는 표정을 지었다. 그러다 뭐 이런 자식이 다 있어 하는 혐오를 가득 담은 표정으로 변했다. 그 표정을 보는 순간 다른 쪽 손목에서 피를 뽑겠다는 말을 차마 할 수 없었다. 나는 병실을 나와야 했다.

채혈에 실패한 후 나는 완전히 자신감을 잃었다. 이제는 더 이상 뭘 더 하겠다고 나서고 싶지 않았다. 하지만 선배 인턴은 간만에 일을 시킬 학생이 들어왔다고 생각하는 듯했다. 내가 원했다면 동맥혈 채혈보다 더한 것이라도 시킬 기세였다. 급기야 선배는 복수를 뽑아보지 않겠냐고 제안하기까지 했다. 그 일은 사실 한 번쯤 해보고 싶었던 일이었다. 복수가 차서 배가 남산만큼 부른 환자들은 내과 병동에서 흔히 볼 수 있었다. 복수가 매우 심하게 차서 호흡이 어려워질 정도가 되면 임시변통으로 복수를 뽑았다. 시술은 그리 어려워 보이지 않았다. 복수가 고인 부분을 확인해서 바늘을 찔러 넣으면 그만이었다. 하지만 표피 가까이 놓인 동맥도 제대로 찌르지 못한 내가 그 일을 할 수 있을 것 같지 않았다. 결국 그 일은 손사래를 쳐야만 했다.

실습을 끝내고 돌아가는 날, 난 우울했다. 실습을 잘하지 못했다거나 영등포 병원이 지저분해서가 아니었다. 병원에서 벌거벗은 내 모습을 보았기 때문이었다. 난 영등포 병원에서 환자를 환

내 인생의 실험은 아직 끝나지 않았다

자로 보지 않았다. 배우는 학생이니 그 정도는 봐줄 수 있다. 학생에게 환자는 교과서이기 때문이다. 하지만 나는 그 정도를 넘어섰다. 영등포 병원에 있다는 사실만으로 그 환자들은 내가 마음대로 할 수 있는 환자가 되어버렸던 것이다. 서울대 병원이라면 감히 엄두도 내지 못할 일이었다. 서울대 병원 환자들은 하나같이 VIP들이다. 그들도 다시 계급이 나뉘긴 하지만 학생들이 감히 어떻게 해볼 수 있는 사람들이 아니다. 만약 영등포 병원에서 하듯 채혈을 실패했다면 담당 주치의나 교수는 환자들의 불평에 시달려야 할 것이고 그 얘기는 고스란히 학생들에게 전해지게 된다. 인턴들도 처치가 익숙하지 않아 환자들이 고생을 할 수 있지만 그들은 적어도 의사면허증이라도 있으니 환자들은 감내할 수밖에 없다. 새로운 인턴이 일을 시작하는 3월에는 입원하지 않는 게 낫다는 얘기도 있을 정도다.

하지만 학생은 다르다. 학생이 익숙하지 않은 처치를 하다 사고라도 나면 보통 큰일이 아니다. 가운을 걸치고 있어도 환자들은 누가 학생인지 다 안다. 이런 상태에서 학생 신분으로 어떤 처치를 하려고 하는 것은 거의 불가능하다. 영등포 시립병원에선 달랐다. 그곳은 버려진 환자들 천지다. 연고가 없거나 보호자가 있어도 찾지 않는 환자들이 병실을 채우고 있다. 의사도 부족해서 정맥주사를 놓거나 복수를 빼는 등의 소소한 처치만 해도 하루가 빠듯하다. 학생이 실습을 나가서 인턴 대신 그런 일을 할 수 있는 것도 이런 환경 때문이긴 하다. 그러나 아무리 그런 환자라고 해서 함부로 대해도 된다는 법은 없다. 나는 부인하고 싶지만 내 마음속에는 분명 영등포 병원의 환자들을 가볍게 보는 맘이 숨어 있었다.

작가 신상웅은 소설 『히포크라테스 흉상』에서 여러 의사들의 모습을 묘사했다. 그 소설에 나오는 의사들(군의관들)은 고압적이며 환자의 아픔에 무관심하고 자신의 안위에만 급급해하는 인간들이다. 급성 복막염으로 전방에서 후방으로 후송되는 한 병사(문집)가 서서히 죽어가는 과정을 그린 이 소설에 나오는 군의관들의 모습은 군이란 특수성을 감안해도 쉽게 수긍하기 어렵다. 군의관들이 문집의 치료에 소홀히 한 것은 아니다. 치료가 불가능한 환자를 후방으로 이송한 것도 어쩔 수 없는 선택이라고 할 수 있다. 약품이 부족한 상태에서 최선의 치료를 위해 노력하는 모습도 보인다. 하지만 두 번에 걸친 수술 이후에도 계속되는 통증에 대한 무관심과 수술 후 처리의 미숙함 등은 환자에 대한 애정이 없음을 보여주는 단적인 예라고 할 수 있다.

내 동기 중에 성형외과 의사가 있다. 그 친구는 아내가 제왕절개를 받았을 때 산부인과 의사가 끝마친 봉합을 다시 풀고 자신이 직접 봉합을 마무리했던 일로 구설에 올랐다. 산부인과 의사가 그리 못했을 리 없지만 자기 눈에는 차지 않았던 모양이다. 이건 환자에 대한 애정이 도를 넘은 예이지만 사실 의사들이 애정을 보인다면 그보다 더한 일도 서슴지 않을 것이다. 소설 속에 나오는 의사들도 할 만큼은 했다. 당시는 월남전이 한창이어서 전선에서 부

상당한 병사들을 처치하기에도 벅찬 때였다. 약품도, 의료진도 넉넉지 않은 군 병원에서 수술까지 마친 환자는 일차적 관심 대상이 될 수 없었을 것이다. 내가 그 병원에 있었더라도 비슷하게 반응했을지 모른다. 환자를 가족처럼 대하지 않았다고 그게 큰 허물은 될 수 없다. 의사는 자신의 일만 최선을 다해서 하면 되기 때문이다. 하지만 나는 그 의사들을 마냥 두둔하고 싶은 생각은 없다. 소설 속에 묘사된 의사들의 태도 때문이다.

군의관들은 문집에게 '미련한 녀석', '건방진 자식', '뒈지게 내버려둘까?', '촌놈 새끼'라는 욕설을 서슴지 않는다. 그런가 하면 홍 중위라는 군의관은 자신의 호기심을 충족시키는 환자로 문집을 선택하려 들기도 한다. 애정이 문제가 아니다. 그들은 사람에 대한 예의가 없었다. 그들의 태도는 치료에도 그대로 반영된다. 문집의 배는 수술자국으로 만신창이가 되고 봉합사를 제대로 제거하지 않아 상처는 아물지 않는다. 당시 의사들의 사회적 지위와 허술한 군 의료체계를 감안한다면 소설 속 이야기는 단순한 허구가 아니다.

나는 영등포 시립병원에서 환자를 가볍게 다루지 않았다. 비록 얼마 되지 않은 경험이었지만 나는 나름 최선을 다하려고 애썼다. 하지만 소설 속 홍 중위처럼 나는 환자를 환자로 다루지 않고 하나의 사례로서, 나의 호기심을 충족시키는 대상으로 보고 있었다. 그건 인간에 대한 예의가 아니다.

시립병원 실습을 마치고 나오는 날, 나는 영등포 시장의 한 분

식집에서 콩국수를 먹었다. 콩국수는 벌거벗은 나를 여과없이 드러내고 있었다. 시장 바닥에서도 무언가 고상한 것만 찾는 내 모습 말이다. 코끝에 아리는 콩국물의 비린 맛을 그때는 몰랐다. 영등포 시장이 아니었다면 그 비린 맛에 대한 기억도 남지 않았을 것이다.

F/22

내 지도학생 중엔 재미교포 학생이 하나 있다. 재외국민 특별전형으로 의대에 들어온 학생들이 대부분 그렇듯 이 친구도 의대 수업을 따라가기 힘들어했다. 무엇보다 가장 큰 문제는 언어였다. 우리말은 곧잘 하는 편이지만 본과 1, 2학년의 의학용어는 매우 어려워했다. 나비뼈나 큰가슴근같이 짐작이 가능한 용어도 있지만 위눈확틈새 같은 용어는 차라리 영어가 훨씬 더 편하기 때문이다. 휴학을 하네 학교를 그만두네 하며 고민하던 이 친구는 3학년에 진급한 후 인상이 많이 바뀌었다. 교과서를 달달 외워야 하는 1, 2학년 때보다는 아무래도 임상실습은 스트레스가 덜하기 때문이다. 그래도 언어는 여전히 문제였다. 특히 환자와 대화를 나누는 것은 정말 큰 고민거리인 듯했다.

　나는 학생 때 환자와 만나는 것을 정말 좋아했다. 환자들은 내가 학생인 것을 알았지만 쉽게 곁을 내주었다. 학생 입장에서 환자가 자신을 맞아주면 그보다 더 고마울 수 없다. 환자는 살아 있는 교과서이기 때문이다. 서울대 병원에는 증세가 위중한 환자가 오는 경우가 많아서 한 환자를 접하면 특정 질환의 특징 외에도 그 병으로 인해 발생할 수 있는 다른 증상도 쉽게 관찰할 수 있다. 3학년 때 배우는 주요 과목 중 내과에는 상당히 많은 병이 나온다. 학년 말에 보는 기말고사에는 1년 동안 배운 내과의 내용들이 모두 나온다. 사실 이런 과목을 교과서만 외워서 시험을 보려 하면 거의 불가능하다. 대부분 족보라고 불리는 기출 문제집을 중점적으로 공부해서 시험장에 가기 마련이지만 이 족보도 엄청난 양을 자랑하기 때문에 완전한 대비책이라고 말하기는 어렵다. 이 경우 내과 임상실습에서 접한 환자들에 대한 기억은 매우 유용하다. 그 환자들을 떠올리며 공부를 하면 어려운 내용도 상당히 쉽게 기억할 수 있기 때문이다. 그렇다고 해서 오직 시험만을 위해 환자를 열심히 만난 것은 아니다. 나는 단지 환자를 볼 수 있다는 게 좋았다.

　실습을 하는 동안 여러 환자들을 만났다. 만났던 환자들의 이름은 기억하지 못해도 인상과 병명은 그런대로 기억이 난다. 서울대 병원에 입원한 환자들은 대부분이 중환자였기에 면담하기가 어려운 경우가 많다. 그러나 병세가 호전되면 면담이 좀 편해진다. 속

초에서 오셨다는 어느 교감 선생님도 그런 환자 중 하나였다.

　나이는 50대 중반, 머리가 벗겨지고 마른, 교감 선생님의 병명은 간암이었다. 지금은 진단과 치료 기술이 발달해서 기대 생존율이 늘어나고 있긴 하지만 내가 당시 배울 때만 해도 간암은 발견된 지 6개월이면 사망한다고 했었다. 지금도 그렇지만 그때 내과엔 간암, 간경화 환자가 많았다. 그들은 복수로 빵빵해진 배 때문에 가쁜 호흡을 하면서 몸을 힘겹게 가누곤 했다. 그런 모습을 보이는 사람들의 얼굴에는 웃음이 없었다. 내게 배정된 그 교감 선생님을 만나러 가기 전, 나는 그런 모습을 예상하고 있었다. 하지만 다행히도 내가 만난 그 선생님은 그런 모습이 아니었다. 복수도 없었고 날씬했을 뿐 아니라 면담 내내 웃으셨다. 그 선생님은 정기 신검차 우연히 찍은 CT에서 간암을 발견했다고 했고 내가 만났을 때는 이미 색전술로 1차 치료를 받은 후였다. 그 선생님은 암을 조기에 발견했다는 것에 대해, 그리고 일찍 시술을 받은 것에 대해 무척 만족해하셨고 앞으로의 경과에 대해서도 매우 긍정적이셨다. 그분은 자신에게 닥친 행운에 대해 누군가에게 털어놓고 싶어하셨다. 그 자리에 내가 아닌 다른 사람이 있었더라도 아마 기쁘게 말씀하셨을 거란 생각이 든다. 나는 그 환자 앞에서 간암의 경과에 대해 말하지 않았다.

　환자의 면담과 관련하여 좋은 기억만 있었던 것은 아니다. 신장이식을 앞두고 있던 어느 젊은 처자의 일은 지금 다시 기억해도 곤혹스럽기만 하다. 간호사실 벽에 붙은 칠판에는 환자들의 이름,

병명, 방 번호, 성별, 나이 등이 적혀 있다. 내게 새로이 배정된 환자는 F/22였다. '여자(Female) 22세'라는 뜻이다. 동료들은 축하한다며 한 마디씩 했다. 내과에서 이렇게 젊은 여자 환자를 만나는 일은 쉽지 않아 나 스스로도 행운으로 여겼다.

환자와의 첫 만남은 좋았다. 뛰어난 미모는 아니었지만 젊었고 피부는 참으로 투명했다. 안경을 쓰고 있었던 그 학생은 궁금한 것이 많은 듯했다. 신장 이식이나 수술 방법, 그리고 경과에 대해 이것저것 물었다. 나도 알고 있는 것은 최대한 성실히 대답하려 애썼다. 면담은 길지 않았지만 서로가 최대한 시간을 활용하려 노력했다. 면담을 마치고 병동을 떠날 때에는 환자를 도왔다는 생각에 뿌듯함마저 느껴졌다. 하지만 그건 오직 나만의 생각이었다. 환상은 바로 다음날 깨졌다. 병실 앞에는 환자의 어머니가 버티고 서 있었다. 그 어머니는 주치의를 불러놓고 나를 나무라기 시작했다. 첫 말씀은 정말 충격적이었다. "이 학생은 절대 출입하지 못하도록 해주세요." 나는 어안이 벙벙했다. 나 대신 주치의가 그 이유를 물었다. "저 학생이 신장 이식을 하면 신장이 썩는다고 그랬어요." 이건 또 무슨 소린지. 어이가 없다는 표정을 짓고 서 있었더니 한 마디 더 하신다. "아니, 네가 그랬잖아. 내가 똑똑히 들었어." 금방 멱살이라도 잡을 기세였다. 주치의도 나도 더 할 말이 없었다. 그것으로 끝이었다. 그 자리를 어떻게 빠져나왔는지 기억도 나지 않는다.

신장 이식의 성공률은 상당히 높다. 하지만 20년 전만 해도 신

내 인생의 실험은 아직 끝나지 않았다

장 이식이 지금처럼 보편적인 시술은 아니었다. 강력한 면역억제제가 나와서 성공률이 높아지긴 했지만 여전히 어려운 시술이었다. 이식 수술에서 나타날 수 있는 가장 큰 부작용은 급성 거부반응이다. 아마 나는 그 환자에게 부작용을 설명하는 중에 이 부분을 언급했던 모양이다. 가뜩이나 위축된 마음에 그 단어는 비수처럼 정확하게 꽂혔나보다. 그 환자는 내게 얘기를 들은 그날 밤 제대로 잠을 이루지 못했으리라. 나는 내 한 마디가 환자에게 어떤 영향을 줄지 조금도 가늠하지 못했던 바보였다.

멀쩡한 장기를 떼어 남에게 주는 순간 받는 자와 주는 자 사이엔 경제적·도의적·사회적 부채가 생기게 마련이다. 그리고 그 부채의 근원에는 죄책감이 놓여 있다. 내가 내 몸을 잘 관리하지 못해서 남의 몸에 칼을 대게 했다는 죄책감, 남의 장기를 받음으로 남이 위험해질 가능성을 높였다는 죄책감, 그 남이 내 부모, 내 형제라는 죄책감, 거기에 남의 생명을 받았으니 더 잘 살아야 한다는 의무감까지 더해지니 환자의 마음이 편할 리 없다. 수술이 꼭 성공한다는 보장이 없다는 사실은 환자를 더 힘들게 만든다. 환자야 더 잃을 게 없지만 장기를 제공한 사람은 그렇지 않다. 이식 수술을 실패하게 되면 장기를 제공한 사람은 허탈감과 억울함에 시달린다. 소득도 없이 멀쩡한 몸을 버렸으니 그 심정을 미루어 짐작하기도 어렵다. 내가 무심코 던진 한 마디(나는 그 말이 무엇인지 정확히 기억하지 못한다.)는 환자의 죄책감과 장기 제공자의 불안에 치명타였을 것이다.

신장 이식은 의학이 아니라 사회학이다. 장기 이식과 관련된 불법적 장기 매매, 인신 매매, 빈국으로부터 끊임없이 들려오는 불법 장기 적출과 살인, 유아 살해 같은 무서운 사건들도 문제지만 가족 사이의 갈등도 무시할 수 없다. 교수님은 신장 이식 수업 첫 시간에 엄마가 아닌 아빠가 아이의 장기 이식에 적합한 경우, 아빠는 온갖 핑계를 대면서 병원에 오지 않아도 엄마는 오히려 주지 못해 안타까워한다는 얘기를 하셨다. 신문에서는 가끔 간경화로 고생하는 아버지를 위해 선뜻 간을 내어준 아들이나 딸 이야기를 볼 수 있다. 정말 대단한 효심이라 할 수 있지만 나는 신문에 실리지 않은 이면의 이야기가 더 궁금하다. 자식의 간을 받으면 다시 살아갈 수 있다고 해도 자식에게 선뜻 그 이야기를 할 수 있는 부모는 드물다. 그렇다고 마냥 자신에게 맞는 간을 기다리기도 쉽지는 않다. 말을 꺼내기도 쉽지 않고 입을 다물고 있기도 쉽지 않다. 옆에서 지켜보는 아내나 남편은 자식이 알아서 장기를 제공하겠다고 나서주었으면 싶은데 자식들 속은 알 수가 없다. 우리가 알고 있는 신문에 난 사연들은 마지막 결과물에 지나지 않는다. 신문 기사는 그들의 속사정을 속속들이 보여주지는 않는다.

나는 최근 어떤 분의 간이식 소식을 들었다. 나이는 60대 중반, 간경화로 생을 마감하기에는 아직 젊은 나이다. 간이식을 받을 수 있으면 당연히 받아야 하는 나이다. 하지만 경제적인 문제나 수술 후 간호 등 모든 형편은 그리 녹록하지 않다. 간이식의 성공률도 문제다. 환자의 상태에 대해 의료진은 그리 좋은 말을 하지 않았

내 인생의 실험은 아직 끝나지 않았다

던 모양이다. 가족들은 간이식을 받겠다는 환자의 고집에 원칙적으로 동의한다. 당연히 받아야 한다고 응원한다. 하지만 과연 그래야 하는지에 대해 회의적인 시각을 보이는 사람도 분명 있다. 단지 대놓고 말을 하지 않을 뿐이다.

내가 아무것도 모르는 학생이었을 때 나는 장기 이식의 사회학을 알지 못했다. 수업시간에 듣긴 들었지만 체득하지 못했다. 사회학을 알았으면 좀 더 노련하게 대처했을까? 아마 그랬을지 모른다. 적어도 환자 보호자의 비난 속에 병실에서 쫓겨나는 수모는 면했을 것이다. 본격적인 임상의사의 길을 가지 않아 더 이상의 F/22 사례는 겪지 않아도 된 것이 그나마 다행이다.

넌
외과 하지 마

⚕

태어난 지 3일도 채 되지 않은 새끼 쥐들을 얼음 속에 묻었다. 냉동마취를 위해서다. 오늘은 새끼 쥐의 내이를 제거하는 수술을 한다. 잔인하지만 뇌줄기(brain stem) 청각회로의 발달에 내이가 어떤 역할을 하는지 알아내기 위해서는 필요한 수술이다.

사람은 태어날 때부터 듣지만 쥐는 태어난 지 2주가 지나야 듣는다. 그 2주 동안 뇌줄기에 있는 청각회로는 빠르게 성숙한다. 새로운 회로가 생성되고 잘 쓰지 않는 회로는 도태된다. 이러한 청각회로의 변화에 쥐의 내이가 한몫한다. 쥐는 이 기간 동안 듣지 못하지만 내이에서 만들어지는 자연발생적 신호가 청각회로를 변화시키기 때문이다. 오늘 태어난 지 얼마 되지 않은 쥐의 내이를 제거하는 수술을 하는 것도 뇌줄기 청각회로에 미치는 내이의 영향을 확인하기 위함이다.

구부러진 수술도구로 귓바퀴를 잡고 끝이 뭉툭한 도구로 닫혀 있는 외이도를 열었다. 마취가 충분한지 쥐는 미동도 없다. 수술 도중에 깨어날까 쥐를 놓은 접시에는 얼음을 깔아두었다. 수술은 최대한 빨리 끝내야 한다. 수술시간이 길어지면 저체온증으로 사망할 수도 있기 때문이다. 고막을 찾는 도구를 쥔 손이 바삐 움직이고 쏟아지는 불빛 아래 하얗게 빛나는 고막이 모습을 드러낸다. 채 성숙되지 않은 고막은 하얀 젤리 같다. 피펫 팁을 흡입 튜브 끝에 달았다. 진공 펌프가 돌고 튜브가 하얀 젤리 같은 고막과 그 아래에 놓인 달팽이처럼 생긴 내이(內耳)를 모두 빨아들인다. 흡입을 끝내고 퀭하니 구멍이 난 내이를 확인한 후 외이도를 봉합했다. 수술이 끝났다. 다행히 피는 그리 많이 나지 않았다. 오늘은 수술이 잘 된 것 같다. 이 정도면 수술한 쥐들의 반 이상은 살 것 같다.

며칠이 지나 해부학 교실의 교수가 내게 말했다. "어느 쥐가 수술한 쥐죠? 잘 모르겠던데요? 수술이 많이 느셨나 봐요." 그러더니 한 마디 덧붙인다. "봉합한 부위도 잘 붙었던데요. 잘 꿰매시나 봐요." 그 말을 들으니 참 새삼스럽다. 난 본과 3학년 때 외과 주치의에게서 절대 외과는 하지 말란 말을 들었으니 말이다.

외과실습을 돌면 처음 배우는 술기 중 하나가 실을 묶는 법이다. 가장 기본적인 방법은 실을 고정한 상태에서 두 손으로 실을 한 가닥씩 잡고 오른손으로 잡은 실을 왼손 엄지로 잡아당겨 한

번 묶고 또 한 번은 왼손 엄지로 밀어 묶는 방식인데 이렇게 해야 실이 풀리는 법이 없다. 실을 묶는 것은 매우 중요하기 때문에 외과 전공의들은 시간이 나는 대로 묶는 연습을 한다. 병원에서 가운의 단춧구멍에 실을 걸고 묶는 연습을 하거나 가운에 실이 대롱대롱 매달려 있으면 그건 분명 외과 전공의라고 봐도 될 정도다.

끈을 묶는 방법이라곤 한 번 교차하여 고리를 만들고 그 사이로 끈을 밀어 넣어 묶는 방법 외에는 몰랐던 나는 실 묶는 실습 첫날 혼자서 헤매고 있었다. 실습은 레지던트 4년차 선배가 맡고 있었는데 설명을 위해 학생들을 향해 서서 실 묶는 방법을 설명한 덕분에 오른쪽 왼쪽이 헷갈리기 시작하니 도저히 그 다음 동작을 따라할 수 없었다. 소그룹이었던 터라 내가 헤매는 모습은 금방 눈에 띄었고 급기야 그 선배가 내 옆에 와서 내가 하는 모습을 주시하는 사태가 터지고 말았다. 한참을 지켜보던 그 선배는 내게 이렇게 말했다. "넌 절대 외과 하지 마라."

임상의 인기과는 때에 따라 다르지만 내가 학교를 다닐 당시에는 소위 성공을 위한 길(ROAD to success)이라고 해서 Radiology(영상의학과), Opthalmology(안과), Anesthesiology(마취과), Dermatology(피부과) 등에 학생들이 몰렸다. 외과는 그때나 지금이나 학생들에게 인기가 없는 과이다. 같은 외과라도 수익성이 높은 전문병원이 많이 생기는 정형외과나 신경외과는 그래도 인기가 있는 편이지만 일반외과는 다르다. 요즘은 병원마다 외과 레지던트의 월급을 다른 과보다 더 올려주겠다고까지 나섰지만 아직도 일반외과의 인기는 지지부진하다.

역사적으로 보면 외과는 주워온 자식이다. 전쟁이 많았던 중세, 봉합하거나 자르는 일은 대부분 외과의가 맡았고 그 일을 했던 외과의는 대부분 이발사 출신들이었다. 대학물을 먹은 외과의가 없었던 것은 아니었지만 소수였고 이발사 출신들은 자신들만의 조합을 만들어야 했다. 지금은 보기 힘든 이발소의 흰색, 파란색, 빨간색 무늬는 붕대와 정맥·동맥을 상징하는 표식이란 건 널리 알려진 사실이다. 그에 비해 소위 physician이라 불리는 대학물을 먹은 의사들은 손으로 하는 험한 일과는 관계가 먼 존재들이었다. 약도 변변치 않아 치료라고는 환자를 토하게 하거나 설사를 유도하거나 사혈(瀉血: bloodletting)을 시키는 정도였지만 사회의 상류층으로 대접받으며 신사의 지위를 누렸고 경제적으로도 부유한 계층에 속했다. 반면 이발사 출신의 외과의들은 험한 일을 하면서도 physician들이 누리는 사회경제적 지위를 누리지 못했다.

지금은 그런 신분적 차이는 존재하지 않는다. 하지만 여전히 외과의는 대접받지 못한다. 위험하고 더럽고 돈 안 되는 일, 그게 바로 의사들이 바라보는 대한민국 외과의 모습이 아닐까? 거기에 하나 덧붙이자면 '무식한'이란 수식어 정도가 아닐까 싶다. 그 수식어는 외과는 성적이 나쁜 학생들이 지원하는 과란 이미지, 술을 많이 먹는다는 편견, 육체노동자라는 이미지와 연관되어 있다. 외과가 가지는 그런 이미지는 내가 대학을 졸업한 1993년에도 2012년인 지금도 여전히 그대로이다.

학생 때 경험한 일반외과, 흉부외과, 신경외과 모두 매력적인 모습은 아니었다. 다른 병동에 비해 꼼짝 못 하고 누워 있는 환자의 모습이 더 많이 눈에 띄었고 전공의들도 하나같이 여유가 없었다. 수술실에 있다 보니 머리는 수술모자에 눌려 늘 헝클어져 있었고 항상 소독약 냄새가 났다. 눈에는 핏발이 서 있었고 틈만 나면 졸곤 했다. 신경외과는 늘 응급환자에 시달리다 보니 잘 때 신을 벗지 못하고 잔다는 얘기까지 들었다.

가끔 경험한 수술실에서의 모습도 예상과 크게 다르지 않았다. 수술실에서 가장 많이 들었던 말은 "거기 잘 잡아"라든지 "당겨(수술 시야를 잘 보이게 하기 위해 주위 조직을 잘 잡아당기라는 뜻)" 또는 "tie(묶어)" 등이었다. 늘 수술에 시달리던 전공의는 졸기 일쑤고 그럴 때마다 교수의 불호령이 떨어졌다. 수술장에는 군대에서나 볼 수 있는 엄격함이 있어서 교수에게 무릎을 차이거나 수술 도구로 머리를 맞는다는 얘기가 공공연히 돌았다. 내가 외과실습을 할 때 우리 조의 교육을 담당했던 주치의도 (교육담당 주치의: education chief라 부른다.) 외과의의 엄격함이 뚝뚝 흘러넘치던 사람이었다. 학생들 사이에서는 소위 옵쎄(obssesive : 강박적인)로 불렸지만 외과의의 자질은 모두 갖춘 사람이었다. 수술장에 살다 보니 늘 지친 모습이었지만 환자 하나하나 쉽게 넘어가는 법이 없었다. 후배 레지던트들을 닦달하는 것만으로는 모자라 담당환자를 잘 파악하고 있는지 학생들에게까지 꼬치꼬치 캐묻곤 했다. 그 선배에게 걸린 조는 늘 병원에서 나오는 시간이 늦었다. 식사시간을 놓치는 것도 다반사였다. 지금 그 선배는 서울대학교 병원 교수로 재직 중이다.

최근 이런 외과에도 변화의 바람이 불기 시작했다. 여학생들이 외과를 지망하는 경우가 종종 보이는 것이다. 내가 학생 때 서울대 병원을 통틀어 여자 외과의는 소아외과의 박귀원 교수가 유일했다. 그런데 요즘은 여기저기서 외과를 전공하겠다는 여의사들이 보이기 시작한다. 내 졸업동기 한 사람도 강원대에서 외과교수로 재직했다. 최근 모 연구재단에서 주는 연구비 전달식에 참석했다가 그 재단에서 주는 장학금을 받기 위해 온 한 여자 의대생이 졸업하면 외과를 지망하겠노라고 자신 있게 자신을 소개하는 것을 직접 목격하기도 했다. 수술은 힘든 일이니 외과는 여자와 어울리지 않는다고 생각할 수도 있다. 특정 수술은 열 시간도 훌쩍 넘기니 그나마 체력이 좋은 남자들에게 어울리는 과이긴 하다. 그러나 체력이라는 요소를 제외하면 수술에서 남녀 차이를 찾는 것은 무의미하다. 외과의의 자질이라면 섬세함과 판단력 그리고 빠른 손을 들 수 있는데 이런 자질을 갖춘 의학도라면 여자라고 못할 이유가 없기 때문이다.

실험을 한다고 동물에 칼을 대보니 역시 나는 외과를 하면 안 된다는 것을 절감한다. 실을 묶는 솜씨는 좀 늘었지만 나머지는 모두 엉망이다. 지금 내가 자르고 있는 근육 이름이 뭔지, 이 근육 아래는 어느 혈관과 신경이 달리는지 하나도 감이 오지 않는다. 근육 깊숙이 묻혀 있는 구조물을 찾을 땐 최대한 근육을 치워가며 혈관의 경로를 살펴야 하는데 구조물 찾기에 급급한 나머지 근육을 싹둑 잘랐다가 혈관을 건드려 동물을 죽인 일도 여러 번이었다. 실험동물은 사람을 대상으로 할 때와는 마음가짐이 다를 수밖에 없지만 아무리 스스로 변명하고 싶어도 나는 외과의로는 자질이 없다는 것을 인정하는 것 외에는 도리가 없다. 실 묶는 것만 보고도 내게 외과의가 되지 말라고 얘기했던 선배가 존경스러울 뿐이다.

자르고 봉합하고 이어 붙이는 외과의 기본은 변함이 없지만 현대의 외과는 중세의 외과와는 다르다. 최근 아산병원에서 만성 장폐색을 앓고 있는 소아환자에게 일곱 개의 장기를 동시에 이식하는 수술이 성공했다는 보도를 접했다. 장기 이식은 현대 의학의 꽃이며 의학의 모든 것이 담겨 있다고 해도 과언이 아니다. 첨단 의학으로서의 외과는 비인기과의 설움 속에서 자부심과 엄격한 수련을 통해 손기술을 늘려온 외과의 장인들 덕분이다. 여의사들의 가세는 현대 외과의 발전에도 상당한 기여를 할 것으로 생각한다. 인기과로서의 외과가 불가능한 일만은 아니다.

2부

—

삶과 죽음의 경계에 서서

토끼
동맥혈압 실습

"조용, 조용히 하세요."

학생들은 부산하다. 첫 생리학 실습으로 토끼의 혈압을 측정하게 된 학생들은 기대 반 걱정 반으로 웅성웅성거린다. 걱정되기는 나도 마찬가지다. 학생들을 대상으로 개발된 여러 실습 중에서 이 실습만큼 난이도가 높은 것이 없기 때문이다. 시간과 장비가 없다는 핑계로 몇 년째 미뤄왔던 것이라 진행하다 어디에서 암초를 만날지 알 수 없다는 것도 문제다. "자, 우선 수술도구부터 챙겨봅시다." 학생들에게 지급할 도구를 하나하나 꺼내서 이름과 쓰임을 말해주는 순간에도 학생들의 웅성거림은 멎지 않는다. 더 이상 설명하는 게 의미가 없다고 판단하고 학생들에게 오늘 실험에 쓸 토끼를 보여준다.

"어머, 예쁘다." 어느 여학생이 말한다. 토끼는 1.5kg 정도로 작다. 애완용보다는 크지만 다 자란 놈은 아니어서 학생들의 동정심을 유발하기에 딱 알맞은 크기다. 학생들은 서로 네가 가져오라며 실랑이를 벌이다 마지못해 몇 명 나선다. 대개는 남학생들이다. 다행히 토끼 귀를 잡고 나르지 않는다. 토끼 귀는 으레 손잡이로 여겨지곤 하는데 말이다. 애완용이란 생각이 들어서일까 아무도 토끼를 거칠게 다루지 않는다. 정확하게 표현하면 어쩔 줄 몰라 하는 것 같다. 토끼를 품에 안고 있는 학생도 보인다. 마치 목을 가누지 못하는 갓난아기를 안은 듯하다.

"자, 이제 귀 정맥을 이용해서 마취하세요. 한 사람이 잡고 나머지 한 사람이 나비침을 이용해서 마취제를 투여하면 됩니다. kg당 1g 들어가야 합니다. 마취제는 2.4g이 8ml에 녹아 있어요. 얼마 투여하면 되는지 계산할 수 있겠죠?" 이렇게 말은 하지만 나는 이 학생들이 제대로 계산하지 못할 것을 이미 알고 있다. 의과대학을 들어오기 위해 미분적분을 배운 학생들이라고는 믿기 어려울 정도로 학생들은 단순한 비례식을 계산하지 못하는 경우가 많기 때문이다. "토끼 눈을 가리고 움직이지 못하게 잘 잡고 해야 합니다." 학생들은 말을 잘 듣는다. 그 말만 잘 듣는 게 문제이긴 하지만. 마취를 제대로 하려면 토끼를 내려놓고 시작해야 하는데 학생들은 여전히 안고 있다. 내려놓긴 했는데 경중거리는 토끼를 어찌해야 할지 모르고 허둥대는 학생도 여럿이다.

내 인생의 실험은 아직 끝나지 않았다

여기저기서 발톱이 실습용 책상을 긁는 소리가 들린다. 마취가 시작된 모양이다. 학생들이 마치 레슬링의 빠떼루 자세로 토끼를 압박하여 토끼가 발버둥을 치면서 나는 소리다. 오늘 마취에 쓰는 약은 우레탄이다. 화공약품으로 알고 있는 그 우레탄 말이다. 마취액은 증류수에 염화나트륨을 녹인 후 그 용액에 우레탄을 녹여 만든다. 살균처리 등의 과정은 없다. 어차피 살리자고 하는 실습은 아니니 말이다. 사람들한테 쓰는 좋은 마취제는 여기에 못 쓴다. 쓰면 안 된다는 뜻이 아니라 쓰기가 번거롭다는 뜻이다. 마약류에 관한 법률 때문에 구하기도 어렵고 관리도 힘들다.

언젠가 수면 위내시경을 받았을 때 담당의사는 내게 프로포폴을 주사했다. 마이클 잭슨의 사망원인으로 전 세계 사람들이 모두 알게 된 그 마취제 말이다. 주사 후 곧 잠이 들었던 나는 깨어나서 왜 내시경 검사를 하지 않느냐며 간호사에게 물었었다. 우레탄은 그 정도의 좋은 마취제가 아니다. 마취 용량의 반 정도가 들어갔을 것 같은데 아직 소식이 없다. 처음 써보는 나비침에 정맥이 터지고 귀가 뚫려 마취제가 센 것을 감안해도 그렇다. 이쯤 되면 토끼는 이미 체념한 듯 보인다. 두 귀는 핏물이 배어 흥건하지만 토끼는 저항을 포기하고 있다. 학생들이 안고 있는 동안 토끼는 불안했겠지만 그래도 희망을 가지고 있었을 것이다. 자신을 안은 손길에서 죽음의 그림자를 느끼지는 못했을 테니 말이다. 하지만 이제 토끼도 느낄 것이다. 죽음이 멀지 않았다는 것을.

얼마나 마취가 됐는지 알기 위해 토끼를 옆으로 뉘어본다. 자세를 유지하면 마취제를 더 투여한다. 마취제 투여는 조심스럽다. 갑자기 죽을 수도 있기 때문이다. 실습용 토끼가 죽으면 실습점수가 없다고 으름장을 놓은 게 유효했는지 학생들은 신중에 신중을 기한다. 숨소리가 잦아들고 몸이 늘어지면 학생들은 발톱 사이의 살을 기구를 이용해서 꼬집는다. 반응이 있으면 다시 더 마취제를 투여한다.

마취가 된 토끼는 배를 위로 향하게 한 후 수술용 틀에 묶는다. 이제는 기관을 열고 삽관을 하는 것이 급선무다. 하지만 첫 경험을 앞두고 학생들은 미적댄다. 미용사라도 된 것처럼 애꿎은 털만 자꾸 깎고 있다. 옛날에는 의사와 이발사가 같은 일을 했다는 얘기가 언뜻 떠오른다. 충분히 이해할 수 있다. 학생들에게 이것은 처음 경험하는 수술이다. 언제 자신의 손에 가위를 들고 생살을 잘라보기나 했겠냐 말이다. 이해할 수는 있지만 토끼가 죽어서는 실습을 할 수 없으니 채근할 수밖에 없다. "뭐하냐? 끝이 뾰족한 가위는 쓰지 말랬지! 자르지 말고 찢으라니까! 설명을 못 들었냐?" 어느새 반말이 나온다. 난처한 얼굴로 가위를 잡고 있는 학생의 얼굴 위로 땀이 흐른다. 실습복 안에는 땀이 흥건히 배어 있을 것이다. 정중앙을 벗어난 가위가 지나간 자리로 피가 고인다. 정맥을 자른 모양이다. 마침내 기관이 보이자 기관을 둘러싼 고리형태의 연골 사이를 자르고 구멍이 뚫린 관을 천천히 밀어 넣는다. 관으로 김이 나온다. 마침내 성공이다. 온통 피로 물든 근육들 사이로 플라스틱 튜브가 삐죽 솟았다.

이제 남은 건 목동맥을 찾는 일이다. 땅을 파면 하수관이 나오고 전선이 보이겠거니 생각하면 오산이다. 이미 학생들이 주무를 만큼 주무르고 어디선가 피가 배어나와 엉망진창인 그곳에서 동맥을 찾기란 쉬운 일이 아니다. 목동맥이 놓인 부위는 목동맥과 함께 달리는 신경, 정맥, 근육 들이 온통 섞여 있는 곳이다. 목동맥이란 표지가 붙어 있는 것도 아니다. "교수님, 이게 목동맥인지 한번 봐주세요." 이렇게 묻는 학생이 정말 싫다. 그냥 알아서 할 일이지. "글쎄, 위치상으로는 분명 맞는데 피를 너무 많이 흘려서 그런지 맥이 느껴지지 않네." 보기에는 분명 동맥이었다. 하지만 심장에 가까이 있는 동맥치고는 너무 맥이 없었다. 마취에 실혈에, 토끼의 심장은 아주 약하게 뛰고 있는 게 분명했다. "그럼, 어떻게 하죠?" 학생이 재차 묻는다. "오른쪽 목동맥을 다시 찾는 수밖에. 그래도 혹시 모르니 거기에 삽관을 한번 시도해봐." 삽관이란, 플라스틱 관으로 임시로 만든 카테터를 동맥에 넣는 일인데 이 일을 하려면 카테터를 넣는 부분 위쪽의 동맥은 묶어야만 한다. 위쪽을 묶지 않으면 카테터를 넣기 위해 동맥을 자르는 순간 순식간에 피바다가 될 테니 안 묶을 수 없는데 여기를 묶으면 묶는 순간 이 동맥이 지배하는 뇌 부위는 죽는다. 우리가 흔히 말하는 뇌졸중에 해당한다고 할 수 있다. 동물을 대상으로 하는 실험에서 이런 결정은 너무도 쉽게 내려진다. '한번 해봐. 어차피 벌여놓은 거 한번 찔러나봐.' 이런 식이다. 다른 쪽 실험대에선 꺄아 소리가 들린다. 카테터를 꽂다가 피가 튄 모양이다. 학생의 가운 위로 피가 방울방울 맺혔다. "다 했습니다." 동맥에 카테터를 삽입하는 데 성공한 조의 조장이 의기양양하게 토끼 수술대를 들고 다가온다. 실습대 위의 피는 굳어 웅덩이를 이루고 수술도구는 어지럽게 널려 있지만 그건 문제가 아니다. 학생들의 얼굴에는 처음으로 한 수술을 해냈다는 성취감이 엿보이고 있다.

카테터 끝을 생리기록계에 연결한다. 펜이 움직이면서 심장의 박동을 기록한다. 날이 추워서인지 펜 끝의 잉크가 잘 나오지 않는다. 약한 심장 박동을 대변하기나 하듯 흐린 잉크가 심장을 그린다. 우와, 여기저기서 탄성이 터진다. 이제 모든 학생들의 눈은 기록계에 쏠려 있다. 바로 조금 전까지 토끼를 잡고 두세 시간을 씨름했다는 사실도 모두 잊었다. 심장 옆을 달리는 미주 신경을 찾아 전극을 연결했다. 이제 또 다른 시련이 토끼 앞에 놓였다. 숨이 아직 붙어 있는 게 죄라면 죄다.

"그러니까 역치란 건 말이죠." 어느새 내 말투도 다시 존대로 바뀌었다. 이제 심장이 멈출 때까지 토끼는 결과를 만들어낼 것이고 토끼는 그때까지 살아 있을 것이다. "만약, 이렇게 자극조건을 정한 다음 자극을 가해도 반응이 나타나지 않는다면 자극을 더 강하게 할 수밖에 없습니다." 스위치를 눌렀다. 말은 그렇게 했지만 사실 최대 자극을 가하도록 자극기는 맞춰져 있다. '따다다다다' 전기 자극이 가해지는 소리가 나고 토끼는 일순 몸이 굳는다. 심장은 멎고 혈압은 순식간에 뚝 떨어진다. 스위치를 내렸다. 심장은 다시 뛰기 시작한다. 천천히. 그리고 혈압은 아주 느리게 원래대로 돌아간다. 정말 느리게. 심장이 멎을 정도의 자극, 나는 그 자극을 경험해본 적이 없다. 실험을 하다 누전된 전류에 감전된 적은 있어도 심장이 멎을 정도는 아니었다. 그런데, 이 작은 토끼는, 흉곽을 다 드러낸 채로 심장을 세우는 자극을 온몸으로 받아내고 있다.

"지금 여러분이 보는 현상은 실제로는 일어나지 않습니다. 실제로 일어나지 않는 일을 극대화해서 들여다보는 것, 그것이 바로 실험입니다." 실제로 일어나지 않는 일을 꼭 봐야 할 이유는 설명하지 않는다. 여기는 의과대학이고 지금은 생리학 실습 중이다. 그게 이유의 모든 것이지만 굳이 그 이유에 대해 말할 필요는 없다. 얘기를 계속했다. "이제 여러분들은 이 토끼를 대상으로 자극의 역치를 구하고 실험조건을 새로이 바꾸었을 때 어떤 반응을 보이는가를 알아보십시오. 펜 레코더의 기록은 각자 복사해서 보고서에 붙여 제출하시기 바랍니다. 보고서는 다음 월요일까지입니다." 설명을 마치고 기록계를 학생들에게 내주었다. 학생들이 기록계 근처로 몰려든다. 한 학생이 자극기를 조절하고 다른 학생은 레코더 근처에서 자극 조건을 기록한다. 왁자지껄 학생들 소리가 시끄럽다.

한 시간쯤 지났을까? 학생 하나가 다급하게 외친다. "교수님, 상태가 이상한데요?" 심장 박동이 줄면서 혈압이 떨어지다가 펜이 더 이상 움직이지 않는다. 마치 영화 속 심전도의 곡선이 사라지듯이 레코더는 토끼의 심장이 죽었음을 알리고 있었다. '아앙, 불쌍해!' 한 여학생이 읊조렸지만 표정에는 감정이 실려 있지 않

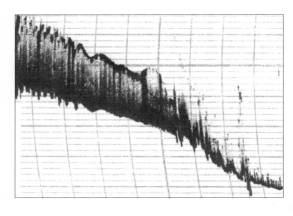

마치 영화 속 심전도
의 곡선이 사라지듯
이 레코더는 토끼의
심장이 죽었음을 알
리고 있었다.

았다. 실험을 하다 죽는 일은 흔하지만 심장이 죽는 임종의 순간
을 생리기록계로 지켜보고 있는 경우는 드물다. 레코더는 처절한
기록을 아무 감정 없이 전달하고 있다. 그 기록을 지켜보자니 묘
하다. 토끼는 옆에 죽어 있는데 우리가 들여다보는 것은 기록뿐이
다. 죽은 건 토끼가 아니라 기록이다.

　실험에 쓰인 네 마리의 토끼 중 수술에 성공한 토끼는 두 마리
다. 두 마리는 수술 중에 죽었다. 살아남은 두 마리 중 한 마리는
오후 실험을 시작한 지 얼마 되지 않아 죽었고 나머지 한 마리도
혈압을 기록하다 늦게 죽었다. 두 번째 토끼의 심장은 죽기 전에
부정맥이 나타났다. 규칙적으로 뛰던 심장이 전기자극을 몇 번 받
은 후 불규칙하게 뛰기 시작했다. 부정맥은 죽을 수 없다는 토끼
의 마지막 의지처럼 보였다. 그리고 그 의지는 예측 가능한 박동
으로 다시 심장을 이끌었다. 무한대의 주기를 가진 박동으로 말이
다. 그러나 그 의지는 그리 오래가지 않았다.

토끼 동맥혈압 실습에서 실습 도중의 죽음은 낯설지 않다. 오히려 실험이 끝날 때까지 살아 있는 토끼를 보는 게 더 어렵다. 실험을 끝낸 뒤에도 살아 있는 토끼는 죽여야 한다. 난 이 과정을 제일 혐오한다. 오늘처럼 실험 중에 죽어준다면 그보다 더 고마운 일은 없다. 살아 있는 토끼를 죽일 땐 고농도의 염화칼륨 용액을 사용한다. 남은 마취제를 모두 투여하고 고농도의 염화칼륨을 주입하면 토끼는 전신의 근육을 수축하며 사망한다. 토끼가 죽고 나면 결박하고 있던 끈을 풀고 사체를 수습해야 한다. 흔하지는 않지만 그럴 때 가끔 토끼 눈에 고인 눈물을 볼 때가 있다. 시신을 들어 비닐 백에 옮기다보면 눈물이 뚝 떨어져 비닐 백을 적시곤 했다.

　실습은 끝났다. 학생들에게 소감을 물어보니 '재미있었다'는 반응이 많다. '재미있었다'는 반응을 어떻게 받아들여야 하나? 일반인들을 대상으로 해도 똑같은 반응이 나올까? 의대에 오는 학생들은 보통 사람들과는 다른 부류인가? 나도 그들 중 하나이니 도저히 알 수가 없다. 실제로 생명이 왔다 갔다 하는 경우 '재미'가 행위의 근거가 되는 경우는 쉽게 찾을 수 없다. 만약 있다면 만인의 지탄을 받는 사회적 범죄행위를 들 수 있을지 모른다. 그런데 이런 반응을 어떻게 설명할 수 있을까? 학생들이 토끼를 미워하거나 싫어한 것도 아니다. 토끼도 이 학생들과 다른 곳에서 만났더라면 사랑을 듬뿍 받았을지도 모른다. 그런데 정작 이 실습실에서 학생들은 토끼를 만나 아무 감정 없이 살을 자르고 동맥에 구멍을 뚫었다. 그리고 재미있었다고 얘기했다. 그 얘기를 하는 동안 조교는 토끼를 비닐 백에 넣고 있었다.

구약성경 욥기 1장은 이렇게 시작한다. "우스 땅에 욥이라 이름 하는 사람이 있었는데 그 사람은 순전하고 정직하여 하나님을 경외하며 악에서 떠난 자더라" 이 욥을 두고 하나님은 사단에게 마치 어린아이처럼 자랑을 하신다. "네가 내 종 욥을 유의하여 보았느냐 그와 같이 순진하고 정직하여 하나님을 경외하여 악에서 떠난 자가 세상에 없느니라" 이에 대해 사단은 이렇게 하나님을 시험한다. "욥이 어찌 까닭 없이 하나님을 경외하리이까. ~ 이제 주의 손을 펴서 그의 모든 소유물을 치소서 그리하시면 정녕 대면하여 주를 욕하리이다." 하나님의 대답은 "내가 그의 소유물을 다 네 손에 붙이노라 오직 그의 몸에는 네 손을 대지 말찌니라" 이후 욥은 모든 것을 잃었다. 자식도 아내도 재산도. 나중에는 건강과 우정까지.

성경의 욥기는 참 이해하기 힘든 장이다. 사단의 시험에 동조해 욥을 시험하도록 허락하신 하나님, 진리와는 멀어도 한참 먼 일개 인간이 이해하기에는 너무나 어렵다. 나는 토끼에서 욥을 본다. 물론 미천한 동물과 성자를 비교하는 일은 비약이 심한 위험한 일이다. 하지만 늘 대하는 토끼들의 죽음에 오늘따라 마음이 저려온다.

그 토끼들을 누가 어떻게 골랐는지 나는 모른다. 토끼들도 자신들을 미워하지 않는 인간들이 자신들을 그렇게 대할 것이라고는 차마 상상하지 못했을 것이다. 실험이란 특별한 조건이 있었으니 그랬을 뿐이라고 애써 위안해본다. 하지만 현실에도 '실험'이 존

내 인생의 실험은 아직 끝나지 않았다

재하지 않을까? 그런 현실들과 심심치 않게 조우하는 게 또한 우리의 현실이 아닐까? 그런 현실에 망가지지 않았다는 것만을 위안으로 삼고 지나가기에는 우리의 삶이 너무 소중하다.

해부학
실습

본과에 진입한 해는 1989년이었다. 연건동에 자취집을 구해 처음
으로 집을 나온 나에게 그해 봄은 모든 게 싱숭생숭했다. 함께 자
취를 하게 된 친구와는 예과 때부터 친했었지만 한 방을 쓰기는
처음이라 선머슴애 둘이라도 마치 신혼방 같았다. 본과에서 처음
접하는 수업들도 본격적 고행이 시작되기 전의 맛보기 정도여서
관악에서 느긋하게 보냈던 예과의 연장이나 다름없었다. 앞으로
어려운 공부가 나를 괴롭힐 것임을 모르는 바는 아니었지만 나는
잠시 주어진 여유가 그래도 고마웠다. 바로 그날이 되기 전까지
말이다.

　정확한 날짜는 기억나지 않는다. 진달래와 개나리가 흐드러지

내 인생의 실험은 아직 끝나지 않았다

게 폈는지도 기억나지 않는다. 하지만 내 기억 속의 그날은 정말 햇살이 참 환하고 따스했었다. 오전 해부학 시간에는 해부학의 일반적인 용어들을 배웠다. 강의는 길고 지루했다. 그날따라 해부학 시간이 더 지루했던 것은 첫 해부학 실습이 강의 후에 잡혀 있었기 때문이었다.

간단한 위령제가 끝나고 가운을 걸치고 해부학 실습실로 들어섰다. 여기저기 놓인 철제 테이블 위에는 비닐에 싸인 시체들이 있었다. 우린 그들을 카데바(cadavar)라고 불렀다. 배당된 카데바 앞에 조원들이 둘러섰다. 우리 카데바는 20대 중반의 여성이었다. 옆조는 할아버지 카데바가 배당되었다. "야, 너네 조는 20대 여자라면서?" 어느 학우가 물었다. 좋겠다는 건지 안됐다는 건지 파악이 되지 않았지만 난 속으로 '미친놈' 하고 말았다.

카데바로 흘러오는 경우 그 인생이 어떤 궤적을 그렸을지는 가히 짐작이 간다. 숭고한 뜻을 가지고 자신의 몸을 기증하는 경우를 제외한다면 어느 집에서 자신들 가족의 주검을 해부용 시신으로 내놓겠는가? 행려병자나 무연고자의 시신이 대부분이다. 서울에서 흔히 볼 수 있는 노숙자들 중에서도 그 종착지가 해부실습용 카데바가 될 사람들이 있을지도 모른다. 20대 여자라면 그보다 더한 과거사도 상상할 수 있다. 20대의 여자 카데바라니 원.

아무도 선뜻 비닐에 손을 대지 못했다. 누구인지 기억도 나지 않지만 어느 조에서 비닐을 옆으로 치우기 시작했다. 실습실은 다시 부산해지고 금세 친구들의 말소리로 가득 찼다. 비닐을 젖히자

안 그래도 심한 방부제 냄새가 역한 카데바의 냄새와 함께 코를 찔렀다. 옆방에서는 여학우가 울며 방을 나갔다.

그날 내 앞에 누워 있었던 카데바는 20대라고는 믿어지지 않았다. 20대의 여성이 어떤 모습을 보이는지는 글로 설명하지 않아도 된다. 그날은 화창한 봄날이었고 조금만 걸어 나가면 혜화동 마로니에 공원에 젊음이 넘쳐흐르고 있었다. 하지만 앞에 놓인 카데바는 마치 조선 시대의 봉분에서나 나왔음 직한 모습을 하고 있었다. 피부만이 젊은 나이에 사망했음을 알려주는 유일한 단서였다.

그날 실습이 제대로 진행되었는지 기억이 없다. 기억하는 것은 실습실에 가득 찬 이상한 열기뿐이다. 학우들은 마치 취한 사람들처럼 평소보다 소리를 높여 말했고 실습실들을 돌아다녔다. 일부는 계단으로 나가서 담배를 물었고 일부는 실습실을 떠났다. 실습실을 어떻게 떠났는지 실습 후에 도서관에 갔었는지 그날 오후 누굴 만났는지 깜깜하다. 기억나는 것은 가운에 배인 냄새가 쉽게 빠지지 않았다는 것, 편해서 쉽게 찾곤 하던 참치 통조림을 먹을 수 없었다는 것 정도다.

본과 1학년 수업 중 가장 학점이 큰 과목이 해부학이다. 실습시간의 비중도 높다. 1주일에 이틀은 해부학 실습을 해야만 했다. 해부학은 실습시험이 있다. 제일 빠른 시험은 1/4분기가 끝나기도 전에 치러진다. 카데바를 대면하고 받은 충격이 채 가시기도 전에 해부학 실습시험을 준비해야 했다. 첫 과제는 팔과 다리다. 팔과 다리가 끝나면 가슴과 배, 그 다음은 머리. 머리를 해부하면서 적출한 뇌는 2학기에 신경해부학 실습에 쓰인다.

사람 손은 다른 동물과 달리 자유도가 뛰어나다. 수화가 가능할 정도면 더 말할 필요가 없다. 이처럼 자유로운 표현이 가능하려면 수많은 신경, 근육, 뼈의 조화가 중요하다. 외워야 할 대상이 그만큼 많다는 뜻이다. 이제는 카데바가 문제가 아니다. 해부도감에 카데바 기름이 배는 것도, 가운이 더러워지는 것도 문제는 아니다. 처음 치는 해부학 땡시에서 살아남느냐 하는 것만 문제다.

'땡시'는 주어진 시간 안에 해부학 구조물의 이름을 쓰고 옆 테이블에 있는 다른 카데바로 옮겨 이름을 맞추는 시험이다. '땡'시(試)는 주어진 시간이 다 됐음을 알릴 때 타이머가 울리거나 종을 치는 데서 유래한 말이다. 땡시는 지금도 본과 1학년 학생들에겐 공포의 대상이다. 중국집에서 음식을 먹다가도 땡 소리가 나니 옆 테이블로 옮겨 앉더라는 우스갯소리가 있을 정도로 학생들이 느끼는 부담은 상상 이상이다.

전설적인 땡시를 치는 날이 왔다. 지금 기억하는 것은 답안지를 들고 땡 소리에 맞춰 계속 옆 테이블로 옮겨갔다는 것과 어쩌면 이렇게 군더더기 하나 없이 깨끗하게 해부할 수 있나 하는 감탄을 했던 것뿐이다. 난 그날 해부학 구조물을 맞추기보다 종소리를 놓치지 않고 옆 테이블로 옮겨가는 데 더 정신을 팔아야 했다. 결과는 참담했다. 어느 날 도서관에 붙은 땡시 성적에서 난 내 이름을 끝에서부터 찾는 게 빨랐다. 라일락이 화창했던 토요일 나는 휴학을 고민하며 주말을 삼켰다.

휴학은 없었다. 해부학 시험에서 휴학을 했어야 마땅한 성적을 받았지만 고민을 할 시간이 없을 정도로 공부에 치였다. 정해진 자리와 정해진 시간에 수업을 듣고 점심을 먹고 나면 오후에는 실습을 했다. 해부학, 생리학, 생화학, 조직학 실습은 쉼이 없었고 외워야 할 양은 날로 늘어났지만 학생들은 그새 요령을 익혔고 나름 살아가는 방법을 익혔다.

첫 번째 땡시가 지나자 해부학 실습에 대한 학생들의 태도도 변했다. 늘 해부를 담당하는 친구들은 자리를 지키고 있었지만 운동장으로 내려가는 계단에 담배를 피기 위해 모여드는 학생 수는 점점 늘어갔다. 실습실을 벗어나 매점으로 향하는 학생들도 늘었다. 요령도 늘었다. 학생들은 자신이 직접 해부하기보다 실습실을 돌아다니며 해부가 잘된 카데바 앞에서 해부과정과 구조물에 대해 물어보고 나서 실습실을 떠나기도 했다.

카데바도 변했다. 해부학 실습의 첫 대상 구조물이 사지(四肢)였기에 사지를 대상으로 한 땡시가 끝난 후의 카데바는 팔, 다리가 없는 토르소(torso) 형태로 변했다. 변한 것은 몸뚱이의 길이만은 아니었다. 처음 카데바를 접했을 때 맡았던 포르말린 냄새도 변했다. 그때 맡았던 냄새는 그나마 화학약품 냄새가 강했다. 하지만 5월로 접어들며 기온이 올라가자 카데바에서는 썩는 냄새가 강하게 풍겼다. 포르말린만으로는 도저히 어쩔 수 없는 냄새, 그 냄새가 실제로 시체가 부패하면서 발생하는 냄새와는 다르다는 사실을 그때는 몰랐다. 하지만 그때 맡은 그 냄새야말로 내 기억

속에 존재하는 진정한 시체의 냄새다.

5월의 어느 날 나는 한 손에는 칼을 들고 또 다른 한 손에는 아이스크림을 들고 카데바 옆에 앉아 있었다. 땡시로 사지를 잃은 카데바가 몸통을 내어주기 위해 내 앞에 놓여 있었다. 나는 행여 카데바의 '국물'이라도 튈까 조심하며 아이스크림에 달라붙었다. 카데바에서 풍기는 냄새를 맡으며 왜 거기서 아이스크림을 먹었는지 지금도 이해가 되지 않지만 난 그 아이스크림을 끝까지 게걸스럽게 먹은 뒤 카데바의 기름으로 얼룩진 해부도감을 펴놓고 칼질을 시작했다.

몸통이 먼저였는지 머리와 목이 먼저였는지 지금은 기억이 가물가물하다. 아마 몸통이 먼저였을 것이다. 하지만 내 기억 속에서 해부용 테이블에 끝까지 남아 있었던 것은 몸통이었다. 머리는 게걸스런 학생들의 칼끝에서 조각조각 해체되어 사라져버렸다. 머리에서 가장 중요한 뇌를 꺼낸 일은 정확하게 기억나지 않는다. 우리가 꺼냈던가 아니면 해부학 교실에서 따로 꺼냈던가 명확하지 않다. 뇌를 꺼내는 일은 보통 일이 아닐 텐데 내 기억은 딱 거기서 멈춰버렸다. 적출한 뇌는 2학기의 신경해부학 시간에 사용할 것이기 때문에 분명 꺼내기는 꺼냈을 것이다. 그러나 기억이 나지 않는다. 어쩌면 내가 직접 꺼냈을지도 모른다. 하지만 내 뇌는 그 뇌를 기억하지 못한다.

이제는 팔다리도 없이 몸통만 남은 카데바가 해부용 테이블 위에 남았다. 몸통만 남은 카데바는 플라스틱으로 만든 인체모형을 연상시켰다. 힘차게 뛰어 피를 순환시켰던 심장이나 새 생명을 잉태했을지도 모르는 자궁은 더 이상 본연의 임무를 위해 존재하지 않았다. 단지 해부학 도감에 나온 그 모습을 실물 그대로 학생들에게 확인시켜주기 위해 학생들의 서툰 칼질을 기다리고 있을 뿐이었다. 카데바의 가슴도 더 이상 뭇 남성들이 한 번쯤 만져보고 훔쳐보고 싶은 그 가슴이 아니었다. 그건 두 개의 거대한 지방 덩어리에 불과했다. 다른 곳보다 지방이 많아서 그 부분을 절개할 때 느껴지는 이상한 감촉과 배어나오는 기름에 몸서리쳤던 기억이 아직도 생생하다.

몸통이 끝났다. 몸통 안에 들어 있는 장기는 생명 유지에 없어서는 안 될 장기들이지만 비교적 간단하기에 학생들의 관심을 끌지 못했다. 해부학 시험을 앞두고 주어지는 복습시간, 사지 시험 전에 비해 학생들이 많이 줄었다. 그렇게 형식적인 한 차례의 복습과 땡시를 끝으로 몸통은 끝났다. 떨어져나간 적출물들은 모두 소각될 것이다. 살아 불우했던 한 인생이 죽어서까지 평안히 잠들지 못하고 몸을 갈기갈기 찢어 따로 태워야 한다. 나는 포르말린에 절어 비닐에 싸인 카데바의 존엄에 대해 알지 못한다. 하지만 내가 죽는다면 내 몸을 카데바로 내어주고 싶지 않았다. 이미 죽은 몸을 누가 어떻게 한들 무슨 상관이랴 싶지만 한 개체가 여러 조각의 적출물로 변해가는 과정에 내 몸을 쓰라고 주고 싶지 않다. 그건 한평생 나라는 존재를 담았던 그릇에 대한 최소한의 예의인 듯 싶다. 한평생 고생시켰으니 본연의 모습으로 평안히 돌려

보내는 것이 마지막 도리가 아니겠는가.

해부학 실습을 하기 전에 우리는 위령제라는 것을 지냈다. 아마 대부분의 대학에서 이 위령제를 하는 것으로 알고 있다. 그러나 위령제는 위령제일 뿐 형식이 마음을 담아내지 못했다. 학점과 경쟁에 익숙한 학생들에게 위령제는 한순간의 이벤트에 다름 아니다. 의과대학을 들어오는 학생들은 누구보다 더 경쟁적이고 공격적 성향을 가지고 있다. 해부학 실습은 그들의 공격적 성향을 극대화시킨다. 학생들은 손가락 옆에 붙은 조그만 근육의 이름을 놓칠까 전전긍긍한다. 그들 중에는 훌륭한 정형외과의가 되기 위해 공부하는 학생들도 있을 것이다. 그러나 대부분의 학생들은 좋은 학점을 받기 위해 포르말린 냄새를 무릅쓰고 카데바 옆에 달라붙는다. 이러한 열기 속에서 카데바는 살아 있었던 사람의 시체가 아니라 해부학 실습용 모형에 불과하게 된다.

요즘 의과대학 학생들의 해부학 실습은 실습 그 이상의 의미를 찾기는 어렵다. 로마제국의 궁정 의사로 서양의학 전반에 걸쳐 막대한 영향을 끼쳤던 갈레노스(Aelius Galenus, AD 130~200)의 해부학적 오류를 찾기 위해 해부를 하던 시대는 이미 지났다. 인체의 구조라면 굳이 해부를 해야 아는 시대도 아니다. 사람 몸속을 들여다볼 수 있는 장비가 넘쳐나는 시대다. 그럼에도 굳이 해부를 하는 이유는 실제로 살아 있는 사람 속을 파헤치기 전에 리허설을 할 필요가 있다는 것과 의사로서의 소양을 기를 필요가 있기 때문일 것이다. 그 두 가지 이유 모두 공감하지 못하는 것은 아니지만 배출되는 의사들 중 실제로 칼을 드는 의사의 수는 제한적이라는 것과 카데바가 학점을 따기 위해서만 쓰이는 경우도 많은 것을 고려하면 그 두 가지 이유 모두 존재 이유가 많이 흔들리고 있는 것도 사실이다.

나에게 카데바란 학점을 위한 도구였을 뿐이다. 포르말린과 카데바가 썩는 냄새에 시달리면서 내가 배운 것은 알량한 구조물들 몇 개의 이름 외에는 없었다. 그 해부학 실습실에서 나는 생명의 존엄성이 무엇인지 잊어버렸다.

삶과 죽음의
경계에 서서

나는 학생들에게 사람이 죽었다는 것을 무엇으로 판단하는지 묻곤 한다. 학생들은 으레 심장이 멎거나 호흡을 하지 않거나 뇌의 반응이 없으면 죽었다고 할 수 있다고 대답한다. 맞는 말이다. 영화에서 보면 의사들은 먼저 목동맥을 만져보고 호흡이 있는지를 살핀 후 눈에 전등을 비춰본 다음 환자가 죽었다고 선언한다. 목동맥은 심장을, 호흡은 폐기능을, 눈은 뇌를 대변한다. 전체적으로 보면 심장과 폐가 정지하고 뇌에서 반응이 없으면 분명 죽은 것이다. 그런데 이러한 판단은 한 개체의 생명이 특정 장기에 달려 있다는 인식을 내포한다. 의사들의 얘기도 크게 다르지 않다. 심장 전문의는 호흡이 멎어 죽었다 하고 폐 전문의는 심장이 멎어 죽었다 한다. 물론 예외는 있다. 바로 뇌사의 경우다.

뇌사의 판정기준은 1) 외부 자극에 전혀 반응이 없는 깊은 혼수상태, 2) 자발 호흡의 비가역적 소실, 3) 양안 동공의 확대 고정, 4) 뇌간반사의 완전 소실, 5) 자발 운동, 제뇌 강직, 제뇌 피질 강직, 경련 등이 나타나지 않아야 함, 6) 무호흡검사에서 자발 호흡이 소실되었음이 확인되어야 함, 7) 뇌파검사에서 평탄한 뇌파가 기록되어야 함 등이다. 이런 기준 외에도 시간에 대한 항목도 있다. 생후 2개월에서 1년 사이의 연령군은 48시간 간격으로 2회의 판정기준 검사와 2회의 뇌파검사를 해야 하며, 1세에서 5세 사이는 성인에서와 같이 2회의 판정기준 검사와 1회의 뇌파검사를 하되 24시간 간격을 두어야 한다고 정해져 있다.

가끔 신문을 통해 뇌사 판정을 받은 사람들이 장기를 기증하고 곤경에 처한 여러 사람들을 구한 뒤 세상을 떠났다는 기사를 접하곤 한다. 그런 기사를 읽을 때마다 장기를 기증받은 사람들이 큰 행운을 만났다는 생각을 하곤 했지만 장기를 주고 떠난 이들, 그리고 그 가족이 겪는 아픔에 대해 절실하게 느껴본 적은 없었다. 하지만 KBS에서 방영했던 뇌사와 관련된 기록물을 보는 순간 그 가족들이 겪는 아픔의 일부나마 생생히 체험할 수 있었다.

NHK에서 2010년 제작한 다큐 〈마지막 인사〉는 태어날 때부터 유전병(어떤 병인지는 나오지 않았다.)으로 허약했던 다섯 살 아라키 마나미가 급성 폐렴으로 심폐정지 상태에서 뇌사 상태가 된 두 달 후 죽을 때까지 가족들이 겪는 슬픔과 이별에 초점을 맞춘다.

시즈오카 외곽 현립 어린이 병원, 소아 집중치료 센터, 눈에 안약을 바르고 인공호흡기를 단 아이가 아무런 의식 없이 누워 있다. 곁에 놓인 생리기록계의 신호들만이 아직 이 아이가 살아 있다는 것을 일러준다. 아이는 다섯 살, 그 전날 급성 폐렴으로 인근 병원에서 치료를 받다 약 10여 분간 심폐 정지 상태에 빠졌다가 응급 소생술로 겨우 회생해서 어린이 병원 집중치료실로 실려 왔었다. 어려서부터 병원에 자주 왔었던 까닭일까? 부모는 그리 걱정하는 표정이 아니다. "아이가 병마와 싸우는 모습을 찍어주고 싶었어요." 부모는 비디오를 찍으며 오히려 이렇게 말하기까지 했다. 나중에 퇴원하면 아이에게 병원에서의 기록을 보여주고 싶었을 것이다. 하지만 이 바람은 너무 부질없었다. 입원 사흘째 부모들은 의료진으로부터 뇌사 여부를 검사해야 한다는 통보를 받았다. 뇌사 가능성을 통보받았을 때 엄마의 반응은 "뇌사에 대해 설명해주었지만 저는 이 상태로 계속 갈 것 같아요"였다. 심장이나 신장, 폐 등의 기능이 정상으로 돌아오고 비록 인공호흡은 하고 있지만 여전히 그 자리에 있는 아이를 보고 있는 엄마에게 '뇌사'란 아무 의미가 없었다.

결국 부모의 동의를 얻어 뇌사 여부를 판정하기 위한 검사를 실시했다. 선천성 녹내장으로 동공반사를 확인할 수 없었던 의료진은 뇌 혈류 검사를 했고 마나미의 뇌에 혈류가 나타나지 않는 것을 확인했다. 뇌파도 없었다. 의료진은 입원 13일째 부모에게 마나미는 뇌사 상태임을 공식적으로 통보했다.

통보를 받은 부모는 당황했다. 통보를 받는 그 순간까지 부모는 뇌사에 대해 잘 모르고 있었다. 비록 뇌는 죽었지만 심장이 뛰는 딸아이는 분명 살아 있다고 여겼기 때문이었다. 부모의 마지막 희망을 꺾은 것은 아마도 의료진의 이 설명이었으리라. "뇌사가 되면 심장은 점점 느리게 뛰다가 나중에는 멈추게 됩니다." 부모를 더 당황스럽게 만든 것은 일본에서 2009년에 새로이 제정된 장기이식법이었다. 이 법에 따르면 뇌사는 죽음으로 인정되기 때문에 더 이상의 치료나 인공호흡도 할 필요가 없는 셈이다. 의료진이 치료를 중지하더라도 막을 수 없는 형편이 된 것이다.

"우리 딸이 열심히 병마와 싸우고 있는데 제가 어떻게 그만두겠어요? 저는 못 해요." 엄마의 반응이었다. 의료진도 치료 중단을 선언하지 않았다. 심지어 뇌사를 통보한 의사는 뇌사로 인해 심장이 점점 약해져 멈추는 그 시점을 사망 시점으로 잡겠다는 말까지 했다.

치료 중단에 대한 걱정은 해소되었지만 여전히 남은 숙제가 있었다. 마나미의 오빠와 언니를 이해시키는 일이었다. 그동안 부모는 마나미의 상태에 대해, 특히 뇌사에 대해 아이들에게 자세한 얘기를 해주지 않았었다. 아이들은 으레 그랬듯이 마나미가 다시 집으로 돌아올 거라 기대하고 있었다. 마나미의 오빠가 병상에 찾아와 "간바레 화이또"라고 외칠 때 동생을 향한 애정이 넘치는 눈망울을 잊을 수 없다. 결국 부모는 의사의 입을 빌려 아이들에게 동생의 상태를 알려주었고 아이들은 받아들일 수밖에 없었다. 아이들이 동생의 상태를 받아들였다고는 해도 완전히 이해했다고 보이지 않았다. 아이들이 뇌사에 대해 들었을 때 계속 울면서 했던 말은 "그래도 언젠가 다시 살아날 수 있잖아요?"였을 정도이니 말이다. 아이들의 울음을 그치게 했던 말은 엄마의 "그래도 지금은 마나미랑 놀아줄 수 있대"라는 말이었다. 완전한 이해는 없었을지라도 아이들과 부모는 그렇게 마나미의 뇌사를 받아들였다.

뇌사를 인정한 후 마나미 가족은 더 이상의 치료는 하지 않기로 결정했다. 무엇이 딸아이에게 가장 최선인가에 대해 밤새워 고민한 후에 내린 결정이었다. 그들은 더 이상 마나마에게 부담이 되는 치료를 피하고 인공호흡기만 단 채 심장이 멎을 때까지 기다려주기로 했다. 마나미의 심장은 이 결정 후 약 4주를 더 뛰었다. 그리고 엄마 품에서 영원히 잠들었다.

이 다큐는 생명에 대해 정말 많은 것들을 생각나게 해주었다. 무엇보다 내 마음을 때린 것은 도대체 생명이 어디에 있는가라는 물음이었다. 다큐에서 마나미의 엄마는 뇌사를 받아들인 후 새 잠옷을 만들어 마나미에게 입히고 아이를 품에 안아 자장가를 불렀다. 법적으로 생물학적으로 아이는 분명 죽었다. 엄마도 그걸 받아들였다. 하지만 엄마는 아이를 놓지 못했다. 생명이 없는 아이에게서 엄마는 생명을 느꼈고 그렇게 아이를 안았다. 생명이 없는 곳에서 생명을 보는 모순을 나는 이 다큐에서 절절히 느꼈다. 엄마의 눈에 심장이 뛰고 있는 아이는 여전히 살아 있었다.

심장은 오랫동안 생명의 중심이었다. 심장은 다른 기관보다 앞서 힘차게 뛰는 모습을 보임으로써 아리스토텔레스의 믿음을 공고하게 만들었지만 심장이 생명의 중심이라고 믿었던 사람들이 아리스토텔레스만은 아니었다. 대부분의 그리스인, 이집트인, 유대인, 힌두인, 메소포타미아인, 중국인 들이 심장을 생명의 중심으로 여겼다. 뇌의 중요성이 대두되면서 영혼이 육체에 깃든다는 사실을 못 견뎌했던 중세의 사제들에 의해 뇌의 뇌실(ventricle)에게 잠시 그 자리를 뺏겼다가 현대에 와서는 뇌에 완전히 그 자리를 넘겨주었지만 여전히 심장은 마나미의 엄마에게 아이가 살아 있다는 유일한 증거이고 위안이었던 셈이다.

신경과학자를 자처하는 나에게 뇌사 상태의 아이는 분명 죽은 것이다. 나의 입장은 장기 중심의 생명관을 가진 앞선 과학자들의 입장과 다르지 않다. 생명의 중심이 심장에서 뇌로 바뀌었을 뿐인데 나는 심장을 우선시하는 사람들을 우습게 여기고 뇌를 최고의 자리에 올려놓는 우를 범하고 있다. 뇌가 중요하지 않다는 뜻은 아니다. 단지 나와 같은 인간들은 뇌와 한 인간을 동격으로 취급하는 경향이 있다는 것을 말하고자 함이다. 사실 이러한 인간관을 가지는 것은 정말 위험하다. 이런 식이라면 사람의 가치를 머리의 좋고 나쁨에 따라 나눌 수도 있기 때문이다.

마나미의 엄마는 뇌사 상태의 아이를 죽었다고 받아들이지 않았다. 마치 정상적인 아이를 재우는 것처럼 아이를 보듬고 자장가를 불렀다. 나는 그 모습에서 내 딸아이가 어렸을 때 아내가 안아

내 인생의 실험은 아직 끝나지 않았다

재우던 모습을 떠올렸다. 따뜻한 온기가 남아 있는 한 여전히 아이는 살아 있는 것이다. 적어도 엄마에겐 그렇다.

마나미의 치료를 중단한 후 마나미의 가족은 늘 아이를 보러 왔다. 오빠가 졸업식날 친구들과 노래를 부르는 장면을 녹화한 비디오를 들고 마나미를 찾은 날의 기록은 정말 놀라웠다. 그날 마나미의 심장은 40회 정도를 뛰고 있었다. 마나미의 엄마와 오빠는 마나미의 가슴에 작은 비디오 레코더를 올려놓고 녹화한 오빠의 노래를 들려주었다. 노래의 가사는 다음과 같다.

너무 늦기 전에

잃어버린 뒤에 그 소중함을 깨닫고
후회하고 슬퍼해도 그때는 너무 늦어요.
어쩌면 이 세상에서 가장 소중한 것은
너무나도 가까이 있어
신경조차 쓰지 않는지 몰라요
지금 있는 모든 것이 당연한 것이 아니라
그 모든 것이 전부 기적이라면
당신은 그것을 어떻게 지킬까요?
아직 늦지 않았어요.
너무 늦기 전에
곁에 있는 모든 것에 감사하며

삶과 죽음의 경계에 서서

할 수 있는 건 뭐든지 하세요.

이 노래를 듣는 동안 마나미의 심장은 46회에서 51회로 빨리 뛰었다. 아무것도 듣지 못하고 보지 못하는 마나미의 심장이 5회나 빨리 뛰었다는 사실을 무엇으로 설명할 수 있을까? 5회 정도 빨리 뛴 것은 통계적으로 의미가 없다거나 심장 부위에 비디오 레코더를 올려놓아서 심장이 압박을 받았기 때문이라거나 하는 설명은 정말 그 자체로서 의미가 없다. 나는 그러한 변화가 분명 생명의 반응이라고 믿고 싶다. 비록 설명하긴 어렵다 해도 말이다.

죽음은 슬픈 일이다. 단, 떠난 사람들에게는 슬픔과 괴로움이 없다. 그 모든 것은 남은 자들의 몫이다. 하지만 이 죽음에서 마나미의 가족은 이 슬픔을 이겨냈다. 물론 그들도 대가는 치렀다. 마나미의 엄마는 이렇게 말했다. "뇌사란 말은 정말 잔인한 것 같아요. 이렇게 매정한 말인 줄 몰랐는데 이런 상황에 처해보니까 알겠어요." '잔인', '매정'이란 단어는 아마도 자신에게 하는 말인 듯했다. '매정'하게 끊어야 아이가 편해질 수 있는 상황에서 아이를 떠나보내야 하는 '잔인'한 결정을 내려야 했던 엄마의 고뇌가 느껴지는 대목이다. 그러나 그 과정을 거치고 난 후 마나미와 그 가족 모두 평화를 얻었다. 나는 적어도 그렇게 믿는다.

나는 이 다큐를 보면서 뇌과학을 한다고 거들먹거리고 모든 걸 다 아는 것처럼 행동해온 내 자신을 반성했다. 그리고 이 다큐에 나온 그 노래처럼 너무 늦기 전에 곁에 있는 모든 것들을 그 자체

내 인생의 실험은 아직 끝나지 않았다

로, 무엇 하나 빠트림 없이 받아들이고 사랑해야 한다는 사실을 절실하게 느꼈다. 나의 오만을 깨뜨려준 이 다큐와 마나미의 가족에게 감사를 표한다.

검은 피

내외산소. 내과, 외과, 산부인과 소아과를 줄여 부르는 말이다. 의학에서는 이들을 major(중요한) 과라 부른다. 나머지는 minor(덜 중요한) 취급을 한다. 생명과 직결되지 않기 때문이라는 이유에서다. 피부과나 안과, 이비인후과, 성형외과 등이 여기에 속한다. 이러한 분류는 다소 작위적이라 다른 과들이 반발할 만도 한데 전통을 중시하는 의학에서 이러한 분류는 아직도 유효하다. 중요한 과에는 내외산소 외에 하나가 더 있다. 정신과다. 최근 대형 병원의 자격요건에서 정신과를 제외하고자 하는 움직임이 있어 정신과 의사들을 중심으로 대응논리를 만들고 있다고 하는데 개인적인 생각으로는 반대다. 안 그래도 물질적인 세상에서 육체에 관한 병만 더 치료하려고 하면 정신적인 질환은 점점 관심에서 멀어지게 마련이다. 관심이 멀어지면 정신질환을 극복하고자 하는 노력도 떨어진다. 신경과학의 기반이 약한 나라에서 정신과를 홀대하는 것은 과학기술의 미래를 위해서도 불행한 일이다.

정신의학은 인문학적 냄새가 폴폴 풍기는 학문이다. 진단과 치료, 병태생리가 빼곡히 나열된 의학 교과서들 중에 정신과 교과서만은 읽을 맛이 났다. 용어는 까다롭지만 나와 있는 내용은 마치 방대한 한 권의 소설을 방불케 한다. 임상 교과서 중 책 한 권을 처음부터 끝까지 읽은 교과서는 『정신과학』이 유일하다. 프로이트나 융의 정신분석은 내가 보지 못했던 세계로 인도했다. 무의식, 자아에 대한 고찰, 우연이란 없다는 정신과학적 세계관 등은 혈액과 종양, 기능적 이상과 증상, 치료법에 시달리던 본과 3학년 학생의 마음을 쏙 빼놓았다. 정신과를 전공해도 되겠다는 생각을 했을 정도였으니 말이다. 하지만 이런 상상은 실습을 통해 산산이 깨졌다. 거기서 본 것은 또 다른 죽음이었다.

실습을 들어가기 전 내가 가진 정신과 병동에 대한 정보는 영화 속에서 얻은 게 전부였다. 〈아마데우스〉의 살리에르가 머물렀던 정신병동, 그곳은 아무렇게나 옷을 걸친 사람들이 이리저리 몰려다니는 돼지우리였다. 반쯤은 넋이 나간 사람들이 흔들거리며 걸어 다니거나 구석에 처박혀 있고 표정 없는 얼굴을 한 사람들이 때로 무서운 웃음을 터뜨리는 곳, 그게 내가 가진 정신병동에 대한 상상 속 이미지였지만 실습을 나간 병동은 적어도 그런 모습이 아니었다. 환자들도 생각보다 정상처럼 보였다. 환자복을 입고 있고 자유로이 병동을 나갈 수 없다는 것이 달랐을 뿐 다른 일반 병동의 환자들과 구분하기 어려웠다. 구속복을 입고 입에 재갈이 물린 환자의 모습은 찾을 수 없었다. 하지만 그건 나의 착각이었다.

실습에 들어가는 날 전공의들은 학생들을 불러놓고 두 가지 당부를 했다. 첫 번째는 병실에 혼자 들어가서 환자와 단독으로 면담하지 말라는 것이었다. 나는 환자와 만나는 것을 좋아했기 때문에 그 수칙이 마음에 들지 않았다. 둘째는 환자의 말을 들어주되 긍정도 부정도 하지 말라는 것이었다. 환자의 말을 긍정하거나 부정해서 환자의 환상을 부채질하거나 의사를 신뢰하지 못하게 만드는 일을 하지 말라는 뜻이다. 어느 당부 하나 쉬운 것이 없었다. 여기서는 환자를 학생에게 배정해주지도 않았다. 단지 그들을 관찰하고 그들과 어울려보라는 것이 실습의 목적이었다.

병동에서 어슬렁거리며 '실습 참 맹숭맹숭하네'라고 생각한 순간 한 여고생 환자가 내게 접근했다. 검은 뿔테 안경을 낀 학생이었는데 다짜고짜 자신의 발을 봐달라는 것이었다. 다른 과의 환자들은 우리가 학생인 것을 뻔히 알기 때문에 호칭을 생략하는 경우가 많다. 학생이라고 부르기도 뭣하고 선생이라고 부를 수도 없다는 걸 알기 때문이다. 하지만 이 학생은 대뜸 내게 선생님이라 불렀다. 그러더니 발을 봐달라는 것이었다. 그 학생의 말대로 발을 봤지만 특별한 것은 없었다. 환자복 밖으로 비죽 나온 하얀 맨발은 그냥 예쁘기만 했다.

내 인생의 실험은 아직 끝나지 않았다

"예, 봤어요. 그런데요?" 내가 되물었다. 그 학생은 잠시도 주저함이 없이 이렇게 말했다. "여기 발등에 검은색 피가 고여 있어요. 보이시죠? 여기, 여기 말이에요." 순간 소름이 쫙 돋았다. 잘못 걸렸다 싶었다. "어디요?" 나는 다시 물었다. "여기 안 보이세요?" "난 어젯밤에 이걸 봤는데 이것 때문에 잠을 못 잤어요." "글쎄, 잘 안 보이는데." "여기, 여기 말이에요." 다시 그 학생은 자신의 하얀 발등을 가리켰다. 조금 있으면 병동을 나가야 할 시간이다. 이 학생과 오래 얘기를 나눌 형편이 아니어서 그냥 '보인다'라고 말을 할까 생각도 했다. 하지만 그 말을 하려는 순간 전공의들이 당부했던 말이 떠올랐다. "긍정도 부정도 하지 말라." 미칠 노릇이었다. 검은 피가 보인다고 말했다가 무슨 야단을 맞을지도 걱정되었고 환자가 의사도 보인다고 말했다며 떠들고 다닐 일도 걱정되었다. 그렇다고 무조건 안 보인다고 말하자니 주치의가 당부한 '부정도 하지 말라'는 것과 딱 맞닥뜨린다. 상황이 이쯤 되니 여기서 어떻게든 빠져나가야 했다.

나는 대화 주제를 바꾸려고 노력했다. 그 흔한 날씨 얘기며 드라마 얘기 이런 식으로 대화를 바꾸려고 노력했지만 소용없었다. 끝은 항상 발등의 검은 피로 돌아와 있었다. 이제 대화는 "보이세요?"에서 "제발, 발등의 검은 피를 좀 빼주세요"로 변해 있었다. 급기야 주사기로 빼면 금방 빠질 듯 보이는데 왜 그걸 안 해주냐고 타박하기 시작했다. 이제 더 이상 버틸 수가 없었다. 화를 낼 수도 없었는데 다행히 시간이 끝났다. 모든 학생들이 병동을 떠나야 했기에 나도 그 핑계를 대고 빠져나왔다. 나가는 내 뒤통수엔 그 학생의 따가운 시선이 꽂히고 있었다.

두 번째 당부, '환자와 단독 면담하지 말 것'은 얼마 가지 않아 내게 닥쳐왔다. 이번에는 다른 병동이었다. 그날도 배정된 환자는 없었다. 실습조원들 모두 전공의가 발표하는 환자 사례를 들은 후 다른 수업을 받기 위해 이동하려는 참이었다. 어느 병실 앞을 지나려는데 한 환자가 우리를 불렀다. 1인실이었다. 나이는 30대, 젊은 여자였다. 미모도 상당했던 것으로 기억한다. 길거리를 걷다가 만났다면 반할 만한 미모였다. 하지만 나는 겁부터 덜컥 났다. 우리 모두 들어가지 못하고 쭈뼛거리고 있으니 다시 들어오라고 불렀다. 하지만 들어갈 수 없었다. 전공의의 당부도 있었지만 무엇보다 1인실에 혼자 들어갔다 학생이 환자의 옷을 벗기려 했다는 식의 환자의 상상에 곤욕을 치르고 싶지 않았기 때문이었다. 환자가 계속 불렀다. 결국 널찍한 방에 나를 포함해 네댓 명의 학생들이 함께 들어가게 되었다.

환자는 스스로를 피아니스트라고 했다. 라흐마니노프를 사랑한다고 했고 피아노를 잘 친다고 했다. 학생들 중 아무도 거기에 대해 물어보지 않았지만 그 환자는 여러 얘기를 늘어놓았다. 그때의 광경을 생각하면 지금도 웃음이 난다. 한 여자환자가 침대 쪽에 서 있고 남학생 네댓 명이 반대편 문 쪽에 엉거주춤 서서 금방이라도 도망갈 자세를 취하고 서서 얘기를 듣는 광경은 지금 생각해보면 우습기 짝이 없다. 하지만 그땐 정말 무서웠다. 다른 조원들도 마찬가지였을 것이다. 다들 말은 안 했지만 나와 비슷했을지 모른다. 우리를 구해준 것은 지나가던 전공의였다. 나는 이 환자를 끝으로 정신과 전공에 대한 환상을 버렸다.

얼마 전 불의의 사고로 세상을 등진 동기의 장례식장에서 대학시절 자취를 함께했던 친구를 만났다. 오랜만에 만난 그 친구는 정신과 전문의로 변신해 있었다. 나는 그 친구와 이런저런 얘기를 나누다가 늘 궁금해했던 것을 물었다. "환자들 치료가 잘 되냐? 치료가 효과가 있기는 있냐?" 그 친구는 늘 그랬던 것처럼 약간의 뜸을 들이더니 "응, 그런대로"란 알맹이 없는 대답을 내놨다. 어느 병은 어느 약을 먹었을 때 몇 %에서 완치가 되고 몇 %는 증상이 다소 남고, 뭐 이런 식의 대답을 기대했건만 이 친구 대답은 그냥 "응, 그런대로"다. 사실 약 몇 알로 해결될 수 있는 문제라면 정신과가 무슨 필요가 있겠는가?

정신과의 태동기에 유럽에서 정신병을 바라보는 시각은 크게 두 가지였다. 하나는 도덕적인 것이고 또 하나는 물질적인 것이다. 전자가 정신병을 환자의 마음이 병이 든 것으로 보고 친절을 통해, 이성에의 호소를 통해 고칠 수 있다고 믿었던 반면, 후자는 정신병이 뇌구조의 이상에서 비롯된 것으로 보았다. 프로이트나 융으로 대표되는 정신분석학이 도덕주의자들의 전통을 이었다면 약물치료가 주를 이루는 현대의 정신의학은 물질적 정신의학의 계보를 잇는다고 할 수 있다. 약물치료는 정신분석만이 유일한 치료법이었던 정신과에 새로운 지평을 열어준 것이 사실이다. 그러나 모든 문제가 다 해결된 것은 아니다. 약물치료를 하면 환자는 분명 좋아진다. 하지만 완치는 아니다. 수술처럼 병소를 완전히 제거하는 그런 치료는 기대하기 어렵다. 우울증이 대표적 예다. 우울증이 심하면 환자는 식물 상태가 된다. 먹는 것도 거부하고 움직이려 들지도 않는다. 사람들과의 만남도 귀찮다. 환자는 그렇게 스스로를 사회에서 격리한다. 이런 환자들은 항우울제를 먹으면 삶의 질이 바뀔 수 있다. 칩거하던 방에서 나와 사회로 다시 돌아갈 수 있다. 그러나 우울증의 가장 무서운 종착역인 자살은 항우울제가 보편화된 지금도 여전히 기승을 부리고 있다.

의사는 병을 고치는 사람이다. 모든 병을 다 고칠 수도 없고 어떤 병은 고친다기보다 다스려야 하는 것이니 "의사는 병을 고치는 사람이다"라는 문장은 틀린 것일 수도 있다. 하지만 적어도 내가 가진 의사의 이미지는 바로 그런 것이었다. 내가 정신과 병동의 환자들을 보고 정신과를 전공하지 않겠다고 생각한 이유도 바로 거기에 있었다. 아무리 현대 의학이 발전했다 한들 약물 몇 가지로 그 환자들을 치료할 자신이 없었기 때문이다. 약물로 치료할 수 없다면 나 스스로 그들의 정신세계로 들어가 그들을 이해할 수 있어야 한다. 어디가 문제인지 알아야 치료도 가능하기 때문이다. 하지만 나는 그럴 자신이 없었다. 나는 그 환자들을 보면서 다가갈 수 없는 벽을 느꼈다. 그 벽을 깨고 들어가려면 나 자신이 그들과 같이 느끼고 사고해야 할 것이다. 마치 이상한 나라의 앨리스처럼 주위의 모든 것들을 새로운 시각으로 보고 호흡하고 느껴야

내 인생의 실험은 아직 끝나지 않았다

할 텐데 나는 그럴 자신이 없었다. 소통이 잘 되던 다른 환자들만 보던 틀에 익숙해진 탓인지 나는 너무도 일찍 정신과를 포기해버렸다. 정신과 의사란 일종의 성직자다. 환자들의 고민을 들어주고 때로는 약을 준다. 환자가 스스로를 결박하고 있는 밧줄의 존재를 깨닫게 해주고 그 밧줄을 풀고 나오도록 도와준다. 마치 신부가 고해성사를 들어주는 것처럼 말이다. 나는 성직자가 될 자신이 없었다.

지난 20여 년 동안 나는 내 주위에서 우울증으로 자살한 경우를 두 번 봤다. 둘 다 사회적으로 성공한 사람들이었지만 사회적 지위와 가족을 두고 스스로 목숨을 끊었다. 우울증으로 고생하고 있는 사람, 죽음의 문턱에 근접한 사람도 소식을 통해 들은 적이 있다. 육체와 정신으로 나누어 사람을 분석하는 시대는 이미 끝났다. 좀 더 과격하게 말하자면 육체의 시대는 이미 끝났다. 정신만이 유일한 실체라고 보아도 좋다. 그런데도 이 세상은 육체를 중심으로 돌아가고 있다. 겉으로는 사랑과 평화를 외치면서도 한 걸음만 더 걸어 들어가면 오로지 육체뿐이다. 종합병원에서 일고 있는 정신과 퇴출 움직임도 정신을 경시하는 이 세상의 단면이다. 위기에 처한 정신세계를 구하기 위해 소통의 부재 속에 일하고 있는 성직자들이 새삼 고맙게 여겨지는 요즘이다.

동기의
죽음

핸드폰이 울렸다. 저녁 9시에 전화할 사람은 형님 외에는 없는데. 번호는 낯설었다. 받아보니 이화여대의 선배였다. "밤늦게 미안하다. 너 △△△ 선생 연락처 아냐? 라오스에서 실종되었다고 하는데 좀 알아봐라." 뜬금없었다. 오랜만에 전화해서 동기가 실종되었다고 하니 무슨 말인지 종잡을 수 없었다. 게다가 전공이 다른 타 대학 후배의 소식을 내게 묻는다는 것이 좀 엉뚱해 보였다. "어떻게 선생님께서 제게 연락하세요? △△△ 선생을 잘 모르시잖아요?" "아니, 미생물학 교실에서 △△△ 선생에게 연락을 하려다가 실패해서 내게 연락한 거야. 아마 내게 연락하면 너를 통해 알수 있을 거라 생각한 게지." 전화를 끊고 동기의 핸드폰으로 연락

내 인생의 실험은 아직 끝나지 않았다

을 했다. 핸드폰에서는 라오스로 로밍이 된다는 안내가 흘러나왔지만 받지 않아 한참 발신음만 듣다가 끊었다. 라오스로 가긴 간 모양이었다. 거기야 통신 사정이 좋지 않을지도 모르니 전화가 안 터지는 것 아닐까 싶기도 했다. 글쎄 어떻게 해야 하나 그냥 선배한테 연락이 되지 않는다고 보고하고 말까? 이런저런 궁리를 하고 있는데 핸드폰이 울렸다. 국제전화였다. "전화하셨죠?" "아, 네. △△△ 선생님 핸드폰이 맞죠?" "예, 그런데 전화한 분은 △△△ 선생 제자이신가요?" "아니, 단국대 생리학 교실의 안승철이라고, 동기입니다. 연락되지 않는다고 저더러 연락해보라고 해서 말이죠." "△△△ 선생이 오늘 강에서 사망했습니다. 그런데 가족과 연락이 안 돼요. 혹시 집 전화번호를 아세요?" 순간 멍해졌다. 전화를 끊고 어떻게 해야 하는지 판단이 서질 않았다.

거의 3주째 내리던 비가 오늘 멎었다. 내일이 발인인데 유족들이 고생을 덜겠다 싶었다. 아직 초등학생이라고 들었는데 상주는 보이지 않았다. 대신 부인이 빈소를 지키고 있었다. 영정 앞에 묵례를 하고 부인께 인사를 드렸다. 인사를 하는 동안 아무런 말도 오가지 않았다. 빔 프로젝터가 식당 벽 한쪽에 고인의 사진을 계속 비추고 있다는 것 외에는 식당 분위기는 여느 상가와 비슷했다. 동기들 열댓 명이 한곳에 모여 있었다. 졸업하고 20년 가까이 만나지 못한 친구들도 있었다. 몇몇은 이름이 기억나지 않았다. 친구들은 고인의 얘기를 별로 하지 않았다. 자신이 어디에 있는지 무슨 일을 하는지 등의 얘기가 주를 이뤘다. 내가 갔던 상가는 대부분 부모가 돌아가신 경우가 많아 상주가 손님들을 접대하러 왔었다. 그러면 의례적인 인사말이 오가고 어떻게 돌아가셨는지 얘기를 듣는 경우가 많았다. 하지만 이 상가는 그럴 수 없었다. 상가에 온 친구들도 더 이상 그 얘기를 할 필요를 못 느끼는 듯했다. 대전에 가야 하는 선배가 있어 함께 일어났다. 나오다 보니 미망인이 한 여성을 껴안고 있었다. 주위에는 몇몇 아이들이 웃고 있었다. 얼굴이 보이지 않는 여성은 울고 있는 듯했지만 미망인의 얼굴은 무표정해 보였다.

한 달 전, 나는 이 장례식장 1층에서 어느 90세 넘은 할머니의 장례식에 참석했었다. 흔히 말하는 호상이었다. 며칠 새 눈에 띄게 수척해진 아들 외에는 누구의 얼굴에서도 슬픔은 찾아보기 어려웠다. 장례식은 1층 강당에서 열렸다. 거기서 고인을 추억하는 분들의 말씀을 들었다. 할머니께선 사람들을 만날 때마다 당신께서 믿음을 어떻게 만나셨는지 말씀하시길 좋아했다고 했다. 할머니는 당신의 여명이 얼마 남지 않았음을 알고 계셨다. 그 시간 동안 당신께서는 기억의 상자를 정리하셨다. 얼마 남지 않은 기억이지만 필요한 것은 가족에게 전하고 남에게 보이기 어려운 기억은 소중히 간직하고 가셨을 것이다. 그 할머니의 죽음이 슬프지 않은 것은 그러한 작업을 통해 할머니께서 당신의 삶을 우리의 삶 속으로 연장시켰기 때문이다.

돌연사에는 그러한 과정이 빠진다. 죽음을 맞이하고 마음을 가다듬고 그것을 수용하려면 본인뿐 아니라 가족들에게도 시간이 필요하다. 고인이 된 동기는 그 일을 하지 않고 훌쩍 떠나버렸다. 이제 기억을 정리하는 것은 오롯이 가족의 몫이다. 죽음은 남은 사람들에게 부채를 남긴다. 죽은 사람은 제 갈 길을 가면 그뿐이다. 그래서 죽은 사람은 늘 무정하다.

고인은 우리나라에서 몇 안 되는 말라리아 전문가였다. 미생물학을 전공했지만 학위과정 중에 말라리아를 전공하지는 않았다. 말라리아와의 인연은 육군 군의관으로 근무하면서부터였다. 전방부대에는 북에서 내려오는 말라리아 모기들 때문에 감염자들이 발생하곤 해서 육군에서는 말라리아를 퇴치할 군의관이 필요했던 것이다. 고인은 군에서의 말라리아 연구로 본인 연구의 새로운 지평을 열었다. 말라리아 연구를 본인이 좋아했는지는 알 수 없지만 대학에 자리를 잡은 후에도 연구를 계속했고 말라리아 연구자란 희소성 덕분에 연구비 수주도 원활해서 척박한 지방대의 연구환경에서도 자신만의 연구실을 알차게 꾸려나갈 수 있었다.

공공사업에도 열심이어서 북한의 말라리아 실태 조사를 위해 북한을 방문하기도 했고 WHO 자문관으로 한국의 위상을 높이기도 했다. 이번 라오스에서의 사망사고도 WHO 자문관 회의에 참석하기 위해 갔다가 벌어진 일이었다. 부질없지만 그가 말라리아를 연구하지 않았으면 이런 일이 벌어졌을까 엉뚱한 상상을 했다.

고인은 운동도 잘 했다. 대학시절엔 등산을 좋아했고 자전거도 즐겼다. 라오스의 폭포에 선뜻 들어간 것도 자신에 대한 믿음이 있었기 때문일 것이다. 정신과 수업 시간에 우연한 일은 없다는 얘기를 들었던 것이 생각난다. 말라리아 연구나 평소의 운동 모두 마치 라오스의 변고를 위해 마련된 듯하여 마음이 무겁다.

그렇게 따지고 보면 나 또한 그리 안전한 상태는 아니다. 사실 실험실만큼 위험한 곳이 또 어디 있는가? 수술용 칼, 가위가 항상 놓여 있고 독극물로 분류된 약을 늘 사용하며 환기가 잘 되지 않는 동물실에 들락거리는 삶이 안전할 리 없다. 나와 함께 생리학을 전공한 다른 동기는 조교시절 쥐에 의해 전염되는 바이러스성 질환으로 사경을 헤맨 적이 있다. 당시 병명은 hemorrhagic fever with renal syndrome(출혈과 열을 동반한 신증후군 정도로 해석할 수 있다.)으로 그 질환은 실험쥐가 아닌 들쥐에 의해 옮겨지는 것으로 생각하고 있던 것이어서 처음에는 쉽게 진단이 내려지지 않았다. 지금은 내가 사용하는 동물실 환경이 개선되었지만 바로 2년 전까지만 해도 동물실에 침입한 외부의 시궁쥐들을 잡는 게 내 일이었던 것을 생각하면 마음이 그리 편하지는 않다.

장례식이 끝난 후 나는 밤늦게 찾아온 친구와 맥주잔을 기울였다. 안과 의사인 그는 잦은 술자리, 담배, 불규칙한 식사로 건강 상태가 나쁘다고 했다. 그의 부친은 45세에 돌아가셨다고 했는데 자신은 앞으로 2년만 넘기면 일단은 마음을 놓을 수 있을 것 같다고 했다. 대한민국의 40대, 가장 많은 돌연사가 보고되는 연령대이기도 하다. 대학시절에는 느끼지 못했지만 그 친구와 얘기하는 동안 죽음이 그리 멀리 있지 않다는 느낌이 들었다.

　나는 죽을 뻔한 경험을 딱 한 번 해봤다. 죽을 것 같은 공포감만 따진다면 두 번이다. 강이나 바다에서가 아니었다. 한 번은 고깃집에서, 또 한 번은 수영장에서였다. 고깃집에서의 그 일은 2010년 가족 송년회에서 일어났다. 내 앞에는 먹음직스럽게 익은 갈비가 놓여 있었다. 좀 컸지만 씹어 삼킬 수 있다고 생각한 것이 화근이었다. 고기는 부드러웠지만 뼈에 붙은 부분은 매우 질겼는데 고기를 삼키는 순간 그 질긴 부분이 목에 딱 걸려 내려가지 않았다. 처음에는 내려갈 것이라 생각하고 몇 번 삼키려고 시도를 했다. 하지만 요지부동이었다. 몇 초가 지났다. 고기는 아직 그대로였다. 순간 숨이 막혀왔다. 주위를 둘러보니 가족들의 즐거운 얼굴들이 보였다. 지금도 그때를 생각하면 기분이 이상해진다. 늘 보던 가족들이었지만 어딘가 현실감이 없었다. 가족에게 내가 처한 상황을 말하려 들었지만 소리가 나오지 않았다. 가족이 말하는 소리가 점점 작게 들려왔다. 마치 물속으로 빠져들고 있다는 느낌이 드는 순간 고기가 식도를 타고 내려갔다. 가슴속에서 뻐근함이 밀려왔다. 식도가 무리하게 확장되며 어딘가 찢어진 게 분명했다. 바로 그 짧은 순간, 솔직히 공포감은 없었다. 단지 뭔가 잘못되어 가고 있다는 느낌, 어 이렇게 죽는거야? 하는 당혹스러움이 내 주변을 어슬렁거렸다.

수영장 사건은 2004년 미국 피츠버그에서 있었다. 연수를 위해 도착한 미국 땅에서 혼자 할 수 있는 일이 많지 않아서 나는 주말마다 대학 학부생들을 위한 수영장에 가는 일로 시간을 보내곤 했다. 수영장엔 사람이 많지 않았다. 두세 명만 있는 경우도 흔했다. 일요일 오후엔 더했다. 그날도 그랬는데 나는 그날 늘 이용하던 25m를 벗어나 50m 레인에 있었다. 수영 실력이 뛰어나지는 않았지만 50m 정도는 헤엄칠 자신이 있었다. 레인의 후반부에 접어들었을 때 갑자기 바닥이 보이지 않았다. 출발할 때는 미처 몰랐는데 그 수영장의 한쪽에는 다이빙대가 있어서 그쪽 바닥은 상당히 깊었던 것이다. 아무도 없는 수영장, 보이지 않는 바닥은 금세 몸을 움츠려들게 했다. 실내는 어두웠고 사람이라곤 나 이외에는 없었다. 여기서 빠진다고 해도 건져줄 사람이 없다는 사실이 나를 더욱 얼어붙게 만들었다. 레인의 마지막까지는 얼마 남지 않아서 결국 끝까지 헤엄쳐 가기는 했지만 그때의 그 공포는 아직도 잊지 못한다. 수영장 사건은 고깃집 사건과는 완전히 다르다. 하지만 그 두 사건은 공통점이 있었다. 그 두 사건 모두 '혼자'란 공통분모가 있었다. 수영장에서는 나 혼자 있었지만 고깃집에는 가족들에 둘러싸여 있어서 혼자라는 것과는 거리가 멀었다. 하지만 바로 죽음이 눈앞에 다가왔을 때 나는 정말 혼자가 된 듯했다. 아마도 일시적으로 숨이 막히면서 감각기능이 떨어져서 그런 생각이 들었던 것 같다.

죽음에 이르는 과정을 단지 외로움이나 당혹감 따위의 표현만으로 나타낼 수 있으리라고는 생각하지 않는다. 나는 단지, 라오스의 어느 강에서 아깝게 생을 마감한 나의 동기가 큰 고통 없이 떠났기를 바랄 뿐이다.

장례식장에 군의관 때 고인에게 말라리아 연구를 권했던 군 동기가 찾아와 미망인에게 지난날 자신이 말라리아 연구를 권했던 사람이라 소개하고 용서를 구했다는 기사를 읽었다. 짧은 연구기간이었지만 그가 남긴 연구업적은 분명 많은 사람들을 구하는 데 도움이 될 것이다. 남아 있는 우리는 그 사실에서 위안을 얻어야 한다. 하지만 여전히 너무 아깝다. 살아서 해야 할 일들이 아직도 많은데 너무 일찍 떠나버렸다.

동물실험

"이렇게 잡고 한 번에 끝내야 해요." 기니피그를 잡는 방법을 선배가 지도하고 있다. 왼손으로는 기니피그를 잡고 오른손으로는 쇠막대기를 들고 있다. 선배는 말을 끝냄과 동시에 쇠막대기로 기니피그의 머리를 가볍게 두드렸다. 기니피그가 잠시 기절한 사이 가위가 목동맥을 잘랐다. "알았죠? 그럼 내일은 안 선생이 해봐요."

조교시절 내가 속했던 평활근 생리 연구실에서는 기니피그의 위를 적출해서 실험했다. 평활근 연구실의 아침은 기니피그를 잡으면서 시작된다. 선배는 내가 들어가기 전 혼자 계속 그 일을 했다. 내가 들어오면서 내가 그 일을 물려받은 셈이다. 오늘 아침에 배달된 기니피그는 평소보다 작아 보인다. 오늘부터는 내가 저놈

내 인생의 실험은 아직 끝나지 않았다

의 머리통을 쇠막대로 두들겨야 한다. 생리학을 하게 된 것을 후회하게 만든 세 번째 사건이다.

기니피그는 좀 멍청하고 겁도 많다. 실제로 그런지는 모르겠으나 내 눈에는 그렇게 보인다. 인간을 대할 때 실험동물마다 반응이 조금씩 다르다. 흰쥐는 사람을 보면 무조건 깔짚 밑으로 숨는다. 사실 무섭기는 나도 마찬가지다. 무섭다기보다 징그러운 느낌이 더 강하다. 흰쥐의 빨간 눈과 마디 굵은 꼬리를 보면 저놈을 어떻게 잡나 걱정부터 앞선다. 생쥐는 좀 더 전투적이다. 생쥐도 도망을 가긴 하지만 그래도 사람이 다가가면 호기심 때문인지 사람의 행동을 주시하면서 도전하려 한다. 그래서인지 물기도 잘 문다. 작아서 다루기는 쉽지만 자칫 잘못하면 물릴 수도 있어서 늘 조심해야 한다. 사막쥐는 사람을 좋아하는 편이다. 상자 뚜껑을 열면 뒷발로 서서 사람 손에 코를 댄다. 이게 뭘까 하는 표정도 짓는다. 같은 쥐라도 이놈들은 정이 간다. 기니피그는 사막쥐와는 정반대다. 사람이 나타나기만 하면 구석으로 숨는다. 상자가 좁아 구석으로 간다고 해서 숨을 수도 없는데 말이다. 도대체 정이 가지 않는다. 어쨌든 오늘이 네 제삿날이다.

왼손에 기니피그를 들었다. 격하게 뛰는 심장이 손에 느껴진다. 뒤통수를 겨냥하고 내려친다. 쇠막대는 손가락만 두들겼다. 손이 아프니 약이 오른다. 이 조그만 놈 하나 못 잡아서 이러고 있나 싶다. 다시 내려친다. 막대에 너무 힘을 실었나 보다. 퍽 소리가 예사롭지 않다. 머리를 때리는 것은 잠시 기절시키기 위함이지 머리를 부수기 위함이 아닌데 너무 힘이 들어간 듯하다. 쇠막대를 내려놓고 가위를 찾는 손이 벌벌 떨리고 있다. 동맥을 끊고 흐르는 피를 수돗물로 씻었다. 애처로운 비명소리가 한줄기 울려 퍼진다. 이게 끝이 아니다. 빨리 배를 열고 위를 적출해야 한다. 가위가 꿈틀대는 창자 사이를 헤집고 위(胃)의 아랫단과 윗단을 끊는다. 실험용액이 든 용기로 옮겨진 위가 절개되고 위에 가득 든 사료가 쏟아져 나온다.

실험을 위해 생명을 빼앗는 것, 어떤 말로도 정당화하기 어렵다. 인류를 위함이라고 해도 이기주의적임을 부인하지 못한다. 생리학을 전공하니 동물을 죽이는 게 더 마음에 걸린다. 병원균에 대한 백신을 만들기 위해 동물을 죽이는 것도 아니고 병의 원인을 찾기 위해 실험을 하는 것도 아니다. 단지, 어떤 기능이 어떻게 작동하는지 그 원리를 알기 위해 실험을 한다. 작동 메커니즘을 밝힌다 해도 그뿐이다. 아, 그게 그런 식으로 작동하는구나, 그러고 그만이다. 새로운 것이지만 그 메커니즘을 알기 전이나 후나 별 차이가 없다. 물론 생리학이 아무것도 아니라는 뜻은 아니다. 병의 원인과 치료를 위해서는 생리학적 지식이 기본이다. 하지만 하늘 아래 새로운 것이 없다는데 새로운 것을 찾아가기 위해 동물을 계속 죽여야 하는 것은 아무래도 마음에 걸린다.

동물을 죽이는 게 마뜩찮은 사람들은 인도주의적인 방법으로 동물을 죽이라고 지침을 만든다. 죽이더라도 마취를 하고 죽이라는 것이다. 하지만 그것도 한계가 있다. 예외가 있기 때문이다. 내

내 인생의 실험은 아직 끝나지 않았다

가 미국에서 박사 후 연수를 하던 때의 일이 생각난다. 그 실험실에서는 태어난 지 2주일 이내의 새끼 쥐만을 사용했다. 손가락보다 작은 새끼 쥐를 먼저 작은 통 속에 넣는다. 통 속에는 휴지가 한 장 깔려 있는데 여기에 휘발성이 강한 마취제를 한두 방울 떨어뜨리면 마취가 시작된다. 문제는 마취가 되는 게 아니라 시작된다는 데 있다. 통 안의 새끼 쥐는 통에 들어가는 순간부터 불안해하며 통의 벽을 짚고 나오려 한다. 통의 뚜껑을 닫고 마취제를 떨어뜨리면 새끼 쥐는 거의 미칠 지경이 된다. 벽을 짚고 일어섰다 넘어졌다를 반복한다. 무척 힘들어하는 것이 눈에 보인다. 숨도 몰아쉬며 괴로워한다. 길어야 2분을 넘기지 않지만 그동안 새끼 쥐는 상상 이상의 괴로움에 시달려야 한다.

지금은 동물실험 윤리가 강조되어 한국에서도 동물실험을 할 때 마취를 하는 것이 일반화되었지만 2004년만 해도 그렇지 못했다. 내가 미국에 가서 처음으로 동물을 잡았을 때 나는 마취를 해야 하는 줄 몰랐다. 새끼 쥐를 내려놓고 면도칼로 단숨에 목을 치자 옆에서 보고 있던 연구원의 인상이 구겨졌다. 그러더니 왜 마취제를 쓰지 않았냐고 따지기 시작했다. 마치 살인자를 보는 듯한 그의 눈초리가 마음에 들지 않았지만 미국에 왔으니 미국 법을 따르는 게 순리였다. 나는 몰랐다고 대답했다. 사실 몰랐으니까 그렇게 대답할 수밖에 없었다. 하지만 마취과정을 보고 난 후엔 생각이 조금 바뀌었다. 그렇게 고통 속에서 마취를 당할 바에야 차라리 단숨에 목이 잘리는 것이 더 낫겠다고 생각했다.

새끼 쥐의 목을 치면 머리는 길게는 5초, 짧게는 1~2초 정도 살아 있다. 머리가 살아 있다는 말은 정말 이상하지만 잘린 머리는 마치 산소가 부족하다는 듯 입을 크게 벌리고 하품하듯 숨을 쉬기도 한다. 어, 무슨 일이 일어났지? 하듯 멍한 표정을 짓기도 한다. 그렇지만 대부분은 매우 편안한 표정을 짓는다. 하지만 몸은 그렇지 않다. 팔다리는 쉴 새 없이 파닥거린다. 이것을 고통 때문이라고 보기는 좀 그렇다. 고통을 느끼는 곳은 머리인데 머리는 이미 떨어져 나갔다. 정작 고통을 느껴야 하는 머리 부위는 이미 말했듯이 지극히 평온하다. 마치 그동안 몸이 짐이었던 것처럼 말이다. 팔다리의 격렬한 움직임은 사지를 지배하던 머리가 사라지면서 나타나는 일종의 반사작용이다.

어떤 것이 인도주의적 방법이냐고 하는 것은 논쟁의 여지가 있다. 하지만 생명을 빼앗는 마당에 인도주의를 들먹이는 것 자체가 사실 우습다. 동물을 죽여야 하는 입장에서 보면 식물을 연구하는 사람들이 가장 부럽다. 실험이 원래 그렇지만 실험이 잘 되지 않을 때는 겨우 세포 한 개에서 하나의 결과만 얻고 실험을 접어야 할 때도 있다. 그럴 경우 세포 하나에서 한 개의 결과를 얻기 위해 동물 한 마리를 죽이는 셈이 된다. 하지만 식물을 연구하는 사람들은 그렇지 않다. 그들은 실험준비를 위해 잎 하나 뿌리 한 쪽이면 된다. 나는 포항공대에서 식물 생리를 연구하는 어느 선생님을 뵌 적이 있다. 그분께서 실험하는 방법을 말씀하셨을 때 나는 잎 하나만 '똑' 따서 들어가는 모습을 상상하며 너무 부러워했었다.

동물을 죽이는 횟수가 늘어나면 무엇을 죽인다는 데 무감해지게 된다. 생리학 석사 과정을 마치게 되었을 때 나는 내 선배가 그랬던 것처럼 새로 들어온 후배에게 익숙한 조교의 시범을 보여주고 있었다. 내 앞에는 덜덜 떨며 나를 보고 있는 신입 후배가 있었다. 무감해지는 것은 슬픈 일이다. 생명을 존중하지 못하게 되면 실험에 대한 열정도 떨어질 수밖에 없다. 생리학을 처음 시작할 때는 그날 실험을 망치면 나는 실험을 망쳤다는 것에 대한 허탈감 외에도 내가 죽인 동물에 대한 미안함에도 시달렸었다. 하지만 세월이 지나면서 그런 마음은 점점 사라져갔다. 동물은 내가 목표한 실험 횟수를 채우는 도구에 지나지 않게 되었다.

"후두부를 강타하여 실신시킨 뒤 경동맥을 절단하여 실혈시켜 즉사시키고 개복하여 위를 적출하였다." 이 문장은 내 석사학위 논문의 실험방법 부분에 나온다. 아내는 내 학위 논문을 읽다가 실험방법 부분을 보고서는 하얗게 질렸다. 한평생 같이 살아야 하는 남편이 이런 일을 하고 다닌다면 어느 누가 좋아하겠는가? 아내는 이 논문을 읽은 후 더 이상 내게 학교에서 어떤 일을 하는지 묻지 않게 되었다. 아이는 날더러 의사라고 부르지 않는다. 처음에는 mouse doctor라고 하더니 지금은 mouse killer라고 부른다. 아이가 그렇게 불러도 나는 할 말이 없다.

생명을 뺏는 일, 어떤 말로도 변명하기 어렵다. 내 논문이 늘어갈수록 죽어간 생명도 늘어난다. 나는 불교를 믿지 않지만 윤회라는 게 있다면 내가 다음 생에 가지게 될 모습은 자명해 보인다. 하지만 이것도 업보고 숙명이다. 지금 내가 할 수 있는 일은 실험을 더 정교하게 디자인하고 매 실험에 최선을 다해서 헛된 죽음을 최소화하는 것뿐이다. 이 글을 쓰고 있는 지금도 마음이 무겁다.

세포에도
영혼이 있을까?

세포론(Cell doctrine)이란 게 있다. 모든 생명체는 세포로 구성되어 있다는 학설이다. 지금은 모두 받아들이는 사실이지만 1800년대에만 해도 이 학설은 선언을 필요로 하는 것이었다. 나는 이 학설에 대해 학생들에게 설명할 때마다 사람의 영혼도 영혼을 구성하는 영혼세포들로 구성된 것은 아닐까 하는 상상을 하곤 한다. 이러한 상상은 신선해 보이지만 처음은 아니다. 그리스의 철학자이자 원자론자(atomist)였던 에피쿠로스(Epicurus, BC 341~BC 270)는 영혼도 원자로 구성된 것으로 보았으니 말이다.

세포에게도 삶과 죽음이 있다. 세포가 분열하면 새 세포가 생기니 세포의 분열은 세포의 탄생에 비견할 수 있다. 그러면 죽음은 어떤가? 세포가 새로 생기는 것은 쉽게 탄생에 비교할 수 있으나 세포의 죽음을 받아들이기는 쉽지 않다. 사람이 죽는 경우, 특히 뇌사와 같은 경우라면 어떤 이는 죽었다고 하고 어떤 이는 살았다고 해서 법적으로 판단기준을 정해놓기도 한다. 뇌사는 사람이 죽었다는 것을 정의하기가 어렵다는 것을 단적으로 보여준다. 그렇다면 세포는 어떤가? 어떤 경우에 세포가 죽었다고 해야 하는가?

나는 학위과정 동안 기니피그의 위세포를 분리해서 실험했다. 분리된 세포에 위장관 호르몬을 투여하면 세포는 다양한 반응을 보인다. 특히 위운동을 촉진하는 아세틸콜린 같은 약물을 투여하면 지렁이처럼 늘어져 있던 방추형의 세포가 원래 길이의 최대 35%까지 줄어들면서 수축을 한다. 약물의 농도가 높으면 높을수록 세포는 공처럼 동그래지면서 세포막이 불쑥불쑥 솟아오른다. 침으로 콕 찌르면 탁 터져버릴 것 같다. 세포에 발성기관이 있었더라면 '꺄악' 하는 소리라도 지를 듯하다. 약물을 씻어내면 세포는 천천히 원래의 모습으로 돌아온다. 그리고 언제 그랬냐는 듯, 한 마리 지렁이처럼 늘어져버린다. 물론 모든 세포가 이 반응을 보여주진 않는다. 어떤 세포는 공처럼 둥그레졌다가 그 상태로 멎어버리기도 하고 어떤 세포는 겉보기엔 멀쩡해 보여도 아무리 약물을 흘려도 수축하지 않는다.

약물에 대해 반응하는 세포가 정상이라면 수축한 채 멎어버린 세포나 처음부터 반응하지 않는 세포들은 죽은 세포들인가? 그렇게 말하기란 쉽지 않다. 세포의 반응이 과해서 빨리 돌아오지 않을 수도 있고 그 약물에 대한 수용체가 없어서 반응하지 않았을 수도 있기 때문이다. 어떤 세포는 수축을 심하게 하다가 세포막이 찢어져 그 균열된 틈을 비집고 핵이 삐져나오기도 한다. 이런 경우라면 세포가 죽었다고 말할 수 있지만 그런 경우는 흔하지 않다. 현미경으로 보았을 때 핵이 점점 커지면서 세포막이 투명해지는 듯 보이면 세포가 죽어가고 있다고 판단할 수 있지만 이것도 세포가 죽었다는 확실한 증거는 아니다. 용액의 조건을 바꿔주면 정상적인 형태로 돌아오는 경우가 있기 때문이다. 용액을 바꾸고 정상적인 조건을 만들어주었는데도 여전히 핵과 세포가 커진 상태로 투명하게 보이면 분명 세포는 죽었다고 생각할 수 있지만 그 상태의 세포가 죽은 것인지 병든 것인지 알 수 있는 방법은 여전히 없다. 단, 특정한 염색방법을 사용하면 세포가 죽었는지 살았는지를 구분할 수는 있다. 그러나 그 방법도 우리가 세워놓은 기준에 따른 것일 뿐 진정한 의미에서 죽었다 살았다를 말할 수는 없다.

기니피그 위 평활근에서 세포를 분리하는 과정을 들여다보면 세포가 얼마나 강인한 존재인가를 알 수 있다. 독자들의 이해를 돕기 위해 그 과정을 간단히 기술하면 다음과 같다. 우선 기니피그를 죽여 위를 적출한다. 그 다음 적출한 위를 산소와 이산화탄소가 적정 비율로 혼합된 가스로 포화된 생리식염수에 넣고 위점막을 제거한다. 위점막 아래 놓인 평활근 층이 드러나면 특정 부위만 골라 가늘게 자르고 이를 다시 더 잘게 토막친 뒤 소화효소가 든 생리식염수에 넣어 37°C의 수조에 20~30분 정도 둔다. 소화효소는 세포와 세포를 붙들어주고 있는 시멘트와 같은 결체조직을 녹이는 작용을 해서 시간이 지나면 세포와 세포 사이가 헐거워진다. 이때가 되면 조직은 많이 흐물흐물해지는데 이 조직들을 유리피펫의 좁은 입구를 여러 번 반복하여 통과시키면 흐물흐물한 조직에서 세포들이 하나둘 떨어져 나오게 된다. 세포분리 과정 동안 별도로 산소를 공급하거나 특정한 영양분을 공급하지는 않는다. 생체에서 이런 일이 일어났다면 한 개체는 분명 죽음을 피할 수 없을 것이다. 뇌로 가는 혈류가 10분만 차단되어도 한 사람이 죽는 것을 고려하면 특별한 산소 공급 없이 20~30분간 효소처리를 하여 세포를 분리한다는 것 자체가 경이로운 일이 아닐 수 없다. 나는 세포를 분리할 때마다 세포가 이처럼 극악한 조건을 이기고 살아남는다는 것에 매번 놀라곤 했다. 세포를 분리하는 과정을 고려하면 사람이 사망하는 경우, 심장과 호흡이 멎고 뇌의 반응이 없다 하더라도 사람을 구성하는 수많은 세포들의 대부분이 여전히 살아 있을 것이란 추론이 가능하다. 적어도 10~20분 동안은 말이다.

　일부 세포의 죽음과 한 개체의 생명이 연결되어 있다는 사실에 과학자들은 생명의 존재를 뇌세포와 같은 일부 세포에 국한시키고 싶은 유혹에 빠진다. 이러한 축소지향적 사고방식은 인과론적 측면에서도 분명 설득력이 있지만 생명이 어느 세포에 국한하여 존재할 것이란 가능성에 대해서는 어떠한 합의도 이뤄진 바 없

　　　　　　　　내 인생의 실험은 아직 끝나지 않았다

다. 사망에 이르게 하는 뇌 손상에 대해서는 알려진 것들이 좀 있다. 가장 잘 알려진 것은 중풍, 혹은 뇌졸중이라 불리는 것이다. 대부분 병원에 이송되어 목숨은 건지는 경우가 많지만 초기 대응이 늦어져 혈류가 오래 차단되거나 뇌 내 출혈이 계속되면 사망할 수 있다. 뇌출혈에 의한 사망은 뇌출혈에 의한 2차적 변화가 원인이다. 출혈 부위의 대뇌 세포 손상은 직접적인 사인이 아니다. 사실 수술을 통해 인간의 한쪽 뇌를 제거한다고 해도 사람은 멀쩡하게 살아갈 수 있다. 물론 다수의 기능장애는 피할 수 없을 것이다. 한쪽 뇌를 제거하는 경우 살아갈 수 있다는 말이 뇌는 없어도 살 수 있다는 뜻은 아니다. 신경관 결손으로 대뇌 반구가 처음부터 생성되지 않고 태어나는 아이들이 있다. 그런 아이들은 대개 죽어서 태어난다. 설사 태어난다 하더라도 얼마 지나지 않아 곧 사망한다. 이 경우를 생각하면 대뇌는 생명 유지에 필수적인 것을 알 수 있다.

뇌에서 호흡과 심장박동을 담당하는 곳은 숨골이다. 그러므로 숨골 부위의 손상은 곧 죽음과 직결된다. 그러나 숨골에 생명이 있는가 하는 것은 또 다른 문제다. 만약 숨골의 특정 세포에 생명이 존재한다면 그 세포가 파괴되는 그 순간 한 개체의 생명이 끊어져야 할 테지만 아직 그런 세포는 알려진 바 없다. 대뇌에서도 마찬가지다.

신경과학자들은 뇌에서의 기능의 국재에 대해 오랫동안 논의해왔다. 뇌기능의 국재란 특정 기능을 담당하는 뇌의 부위가 따로 존재한다는 것을 말한다. 뇌기능의 국재에 대해 처음 가능성을 제시했던 사람은 프랑스의 생리학자였던 앙투안 샤를 드 로리(Antoine Charles de Lorry)로 그는 1760년 대뇌와 소뇌를 제거하여 숨골만 남아 있는 개가 정상 호흡과 심장박동을 유지하며 약 15분간 살 수 있었다는 것을 발표했다. 로리의 발견이 호흡과 순환 등 생리적 기능의 국재에 관한 것이었다면 1861년 폴 브로카(Paul Broca)의 발견, 즉 좌뇌의 전두엽 부위가 언어기능을 담당한다는 발견은 언어와 같은 인간의 고등 기능 또한 뇌의 특정 부위에 격리되어 존재할 수 있음을 보여준 것이라 할 수 있다.

브로카 이후 운동, 감각, 사회적 기술 등의 국재에 대해 여러 연구가 이뤄졌고 이들을 통해 뇌에서의 기능의 국재가 현대 신경과학의 한 축이 된 것은 사실이다. 하지만 뇌에서의 기능의 국재에 대한 신경과학자들의 태도가 상당히 모호한 것도 사실이다. 엄밀히 말하자면 어떤 부분은 긍정하고 어떤 부분은 부정하는 식이다. 운동기능과 같은 단순한 것에 대해서는 국재를 쉽게 긍정한다. 이미 밝혀진 신경과학의 많은 연구결과들 때문에 부정할 수도 없다. 하지만 좀 더 고차원적인 것에 대해 얘기할라치면 입장이 달라진다. 지능과 같은 것이 대표적이다.

사람들은 한때 뇌의 전두엽(이마엽)이 지능을 담당한다고 여겼던 때도 있었다. 하지만 지능은 그리 간단한 문제가 아니다. 심지어 정의하기조차 어렵다. 최근 자주 인용되고 있는 가드너의 다중 지능 이론만 보아도 잘 알 수 있다. 이 이론에는 신체 움직임이나 사회적 상호작용까지 지능의 범주에 넣고 있다. 이처럼 광범위한 영역을 포함하고 있는 지능이 이마엽에만 존재한다고 설명하기는 어렵다. 지능과 관련하여 신경과학자들 사이의 암묵적인 합의가 존재한다면 칼 래실리(Karl Lashley)가 주장한 질량 작용(mass action)에 관한 법칙이다. 쥐의 미로 실험을 통해 얻어낸 이 법칙은 뇌의 손상 정도에 따라 쥐가 미로를 빠져나가는 능력이 결정된다는 사실에 근거하고 있다. 즉, 뇌 손상 정도가 크면 지능이 그만큼 낮아질 수 있다는 뜻이다. 이 법칙은 지능이 뇌의 어딘가에 국재하고 있다는 것을 부정한다. 지능은 뇌에 존재하는 여러 회로의 상호작용에 의한 것이므로 이들의 손상이 크면 지능이 낮아질 수 있다는 뜻이다.

물론 기능의 국재화를 주장하는 신경과학자들의 입장에서 보면 여전히 할 말이 있을 것이다. 실험이 정교하지 못했다거나 측정하는 방법에 문제가 있다고 보는 식이다. 수학적 능력을 담당하는 부위를 한정하는 것만으로도 성에 차지 않아서 특정 연산에 반응하는 세포가 있다고 주장하는 학자들도 있음을 잊어버려서는 안 된다.

생명에 관한 것도 마찬가지다. 아직 한 개체의 생명을 담당하는 특정 세포의 존재는 밝혀지지 않았다. 대뇌의 많은 부분이 파괴되어야 한 개체의 생명이 사라져버린다는 점에서 생명은 지능과 닮았다. 그렇다면 생명은 뇌의 여러 부위가 상호작용하여 만들어내는 것일 수도 있다. 하지만 모르는 일이다. 먼 훗날 어떤 신경과학자가 생명의 스위치처럼 작용하는 특정한 세포를 발견할지도. 그 가능성에 대해 나는 긍정도 부정도 않는다. 실제로 데카르트는 뇌의 송과체에 생명의 근원이 있다고 믿었다. 만약 그런 세포가 발견된다면 세상 사람들은 생명의 본질에 대해 또다시 한바탕 논쟁을 벌일 게 분명하다. 생명을 나타내는 것이 그 세포인지 아니면 그 세포에 깃든 무엇인지에 관해서 말이다. 근세의 학자들이 animal spirit이라 불렀던 그것, 편의를 위해 그것을 영혼이라 부를 수 있다면 그때는 분명 학자들 사이에 새로운 논쟁이 일어날 것이 분명하다. 그 세포와 그 세포를 제외한 다른 세포들에도 영혼이 있는가 하는 논쟁 말이다. 그리고 먼먼 훗날 이런 학설이 발표될 때가 올지도 모른다. "모든 세포는 영혼을 가지고 있다. 우리의 영혼은 영혼을 가진 각각의 세포들로 구성되어 있다"라는 학설 말이다.

3부

—

생리학 연구자의 발자국

당신은
뭘 전공할거요?

조교 때 외국에서 온 교수님들을 안내하는 일을 맡곤 했다. 학문
적인 깊이가 부족해 차원 높은 대화는 나누기 어려웠지만 교실을
안내하고 도심 명소나 학회장소 소개 정도는 얼마든지 할 수 있
었다. 교수님들이 직접 하시기도 했지만 차가 있는 경우 손님들을
모시고 용인 민속촌이나 백화점으로 가는 일 정도는 조교의 몫이
었다. 1994년, 조교를 시작한 지 2년째 되는 해 나는 소형 승용차
를 구입했다. 그러고 나니 손님 접대에 더 많이 차출되기 시작했
다. 도쿄대학의 모 교수님을 용인 민속촌으로 모시고 가게 된 것
도 승용차를 구입한 덕분이었다.

　민속촌에서 점심을 먹고 난 후 그 교수님은 내 전공에 대해 물

어보셨다. 좀 더 정확히는 앞으로 무엇을 연구하고 싶냐는 질문이셨다. 나는 학생 때부터 신경생리학을 전공하고 싶었지만 석사학위 과정 중에는 평활근 생리를 연구하고 있었기에 대답하기가 마뜩치 않았다. 나는 솔직하게 "아직 잘 모르겠다"라고 대답했다. 그랬더니 그 교수님은 무척 놀라시며 어떻게 그걸 모를 수 있냐고 타박하셨다. 환자 보는 것을 포기하고 연구의 길로 들어왔으면서 그런 계획 하나 없이 일을 하고 있다는 게 믿기지 않는다는 얼굴이었다. 나는 화가 났지만 내색은 하지 않았다. 평생 하려는 일의 주제를 금방 잡는 것이 생각만큼 쉽다면 내가 여기에 있겠냐 하는 반감이 들었지만 그 교수님은 일본 사람이 아닌가? 그들과 우리는 사고의 틀도 사는 방식도 다르니 어쩔 수 없는 노릇이었다.

일본인들은 가업을 물려받기로 유명하다. 가업이 있으면 누군가에게 그것을 잇게 하고 싶어한다. 일본에 가면 100여 년을 훌쩍 넘는 간장이나 우동을 만드는 집들을 발견할 수 있는 이유가 거기에 있다. 학자들의 성향도 비슷하다. 한 가지 주제를 잡으면 평생을 한다. 도저히 생각할 수 없는 부분까지 파고든다. 학자로서 그보다 더 좋을 수 없다. 일본에서 노벨상이 그냥 나오는 게 아니다. 일본 학자의 눈으로 보면 생리학을 시작한 지 벌써 2년째인데 아직도 뭘 연구해야 할지 모르고 있는 내가 한심해 보였을 것이다. 신경생리학을 하고 싶어하면서 평활근 생리를 전공하고 있다는 것을 알았더라면 더 우습게 보았을지도 모른다.

내가 평활근 연구를 처음 시작했을 때 가장 먼저 한 일은 평활근 조직의 수축력을 재는 일이었다. 폭 1~3mm, 길이 1cm 이하의 평활근 조직을 만들어 한쪽 끝은 고정하고 다른 쪽 끝은 장력변환기에 연결하여 근육이 수축할 때 발생하는 장력변환기의 미세한 위치변화를 전기신호로 바꿔서 수축력을 측정한다. 이 실험은 매우 까다롭다. 근육을 장력변환기에 연결할 때 유리봉을 쓰는데 유리봉이 실험용기의 벽에 닿거나 주위에 공기방울이 있어도 제대로 기록하기 어려울 정도이다. 유리봉과 근육을 연결하기도 쉽지 않다. 실로 묶어야 하는데 묶다가 비틀리기도 하고 근육이 찢어지기도 해서 묶을 때마다 늘 조심해야 했다.

내가 이런 실험을 하는 동안 일본 학자들은 세포 한 개의 수축력을 재고 있었다. 대상이 근육조직에서 세포로 바뀌었을 뿐 방법은 똑같았다. 그들은 근육조직을 준비하는 대신 세포를 근육조직에서 분리하였다. 내가 근육조직을 실로 묶은 것처럼 그들은 작은 유리전극을 세포 양 끝에 대고 하나의 유리전극을 장력변환기에 연결했다. 그리고 세포가 수축할 때 장력변환기의 위치가 바뀌는 것을 이용하여 수축력을 측정했다. 세포 한 개의 수축력 측정은 분명 이론적으로 가능한 일이다. 감도가 예민한 장력변환기만 있으면 한국에서도 측정 못할 이유가 없다. 하지만 세포 한 개의 수축력을 측정하고자 하는 시도는 일본 아니면 할 수 없다. 일본 학자들의 행태를 보여주는 좋은 예라 할 수 있다. 이왕 얘기가 나왔으니 한 가지만 더 소개하기로 하겠다.

평활근은 외부 자극이 없어도 스스로 수축한다. 창자가 끊임없이 혼자서 꿈틀대는 것을 생각하면 쉽게 알 수 있다. 평활근의 수축력을 측정하는 것도 평활근 혼자서 움직이기에 가능한 일이다. 평활근을 연구하는 학자들에게 평활근이 왜 혼자서 수축하는지는 상당히 흥미로운 연구주제였다. 지금은 평활근 사이사이에 놓여 있는 카알 세포(interstitial cells of Cajal)가 평활근의 수축을 유도한다는 학설이 득세하고 있지만 내가 연구하던 93, 94년도에만 해도 그 이유에 대해서는 잘 몰랐다. 94년 일본 평활근 학회에 갔을 때 나는 이와 관련된 흥미로운 실험을 본 적 있다. 그 실험의 기본 개념은 간단했다. 평활근이 수축하려면 수축의 기본 단위가 있어야할 테니 평활근을 잘게 잘라서 그 기본 단위를 찾아보자는 시도였다. 연구자들은 평활근을 계속 잘라가면서 어느 정도까지 잘라야 수축이 소실되는지 찾았다. 지금은 기억이 나지 않지만 그 연구자들은 현미경까지 동원해서 자를 수 있는 최소한의 크기로 평활근 조각을 만들었던 것 같다. 이런 시도를 한다는 것 자체가 놀랍다. 일본인이 아니면 감히 상상조차 할 수 없는 일이다.

자신의 분야를 이런 식으로 파고드는 일본 학자의 눈에 나는 어떻게 보였을까? 과연 나를 연구자로 대하기나 했을까? 무얼 연구하는지도 모르고 있는 나는 아마 그들에게 아무런 존재도 아니었음에 틀림없다. 그러나 나는 그 선생님의 말에 괘념치 않기로 했다. 내가 할 일을 찾는 것은 시간이 해결해줄 일이다. 나는 그때가 오기까지 준비만 하고 있으면 된다고 생각했다.

그때는 생각보다 늦게 찾아왔다. 1993년 시작한 나의 평활근 연구는 2003년이 될 때까지 지속되었으나 나는 앞으로 어떤 주제로 연구를 계속해야 할지 2003년이 되도록 찾지 못하고 있었다. 2003년, 내 연구에 전환점이 된 계기는 전혀 엉뚱한 곳에서 찾아왔다. 그 계기는 2002년에 우리 집에 찾아온 귀한 손님, 딸아이였다.

아이는 내게 새로운 세상을 열어주었다. 아이가 자라는 모습은 내가 알고 있는 지식으로는 설명하기 어려웠다. 아이가 어떻게 말을 배우고 걷고 냄새 맡고 보는지 모든 것이 경이로웠다. 내가 알고 있던 소아과적 지식도 도움은 되었지만 그건 극히 일부에 불과했다. 아이의 발달을 다룬 책이나 태교와 관련된 책도 찾아보았지만 극히 단편적이었고 속 시원하게 설명한 책들을 찾기 어려웠다. 좀 극성맞았던 나는 아이의 발달과 관련된 외국서적을 찾기 시작했다. 여러 권을 발견했는데 그중 『What's going on in there?』라는 책이 가장 맘에 들었다. 리즈 엘리엇(Lise Eliot)이란 생리학자가 자신의 아이들을 키우며 쓴 책이었다. 책에는 내가 그동안 관심을 가졌던 내용들이 하나하나 정리되어 있었다. 나는 그 책을 구입해 읽기 시작했는데 혼자 읽기에는 내용이 너무 아까웠다. 당시에 나와 있던 아이의 발달을 다룬 어떤 책보다 알찼다. 나는 그 책을 들고 궁리라는 출판사를 찾았고 번역을 하기로 결정했다. 나는 2003년 여름을 이 책을 번역하며 보냈다. 그리고 번역을 마무리할 무렵 나는 발달신경생리학을 전공하기로 결심했다. 생리학을 시작한 지 11년이 되는 해에 드디어 내가 갈 길을 정한 셈이다.

자신의 전공을 결정하는 데 11년이 걸렸으니 상당히 늦은 셈이 긴 하다. 하지만 나는 그에 대해 그리 후회하지 않는다. 10년이라는 세월 동안 만약 아무 일도 하지 않고 빈둥댔다면 후회를 많이 했을 것이다. 하지만 나는 그 시간 동안 끊임없이 실험을 했고 논문을 썼으며 새로운 분야에도 서슴지 않고 뛰어들었다. 그때의 그 경험들은 지금 내 연구의 밑거름이다.

『What's going on in there?』의 한국어 번역판인 『우리 아이 머리에선 무슨 일이 일어나고 있을까?』에는 뇌의 발달과 관련하여 이런 말이 나온다. "발달생물학자들은 뇌의 발달을 마치 공이 가파른 산을 굴러 내려가는 것에 비유한다. 유전자는 중력처럼 작용하여 공이 아래로 굴러가도록 하지만 공의 진로는 내려오면서 바위나 나무 구멍 등을 만나며 바뀌게 된다. 한번 진로가 바뀔 때마다 진로의 특성이 정해지지만 그로 인해 공이 만나게 될 것들은 많이 제한된다. 일단 내려오면 다시 올라가서 다른 길을 찾을 기회는 사라진다." 지금은 내가 가야 할 길이 대충 정해져 있다. 내가 밝혀야 할 사실들, 어딘가 미진한 연구들, 그 모든 것들이 내 앞에 기다리고 있다. 막 굴러 내려가기 시작한 공이 부딪혀야 할 장애물들이 빤히 보인다. 하지만 또 어떤 숙명적 장애물을 만나 새로운 길로 굴러가게 될지는 아직 모르는 일이다. 일본 학자들이 외도라고 부를 만한 어떤 일을 그때가 되면 나는 다시 과감하게 해치울지도 모른다. 또 어떤 숙명적 장애물이 나를 기다리고 있을지 상상만으로도 즐겁다. 그러나 그 장애물을 만나기 전까지는 내

내 인생의 실험은 아직 끝나지 않았다

가 하고 있는 일에 전력을 다할 것이다. 그래야만 새로운 진로가 내게 열릴 것이기 때문이다.

실험실
갖추기

처음 실험실을 보았을 때가 2000년 겨울이었다. 난방도 제대로 되지 않는 빈 공간에 여기저기 기계들이 놓여 있었다. 얼마나 오래 방치되어 있었을까? 처음 샀을 때에는 분명 최신 기종이었을 텐데 먼지를 뒤집어쓴 모습은 금방 폐기처분해야 될 듯했다. 또 다른 구석엔 작동 여부는 불분명했지만 내가 실험에 사용해야 할 기계들도 놓여 있었다. 2001년 5월에 발령을 받고 실험실에 왔을 때도 마음대로 해보란 듯 변함없이 먼지를 덮어쓴 채였다. 어디서부터 손을 대야 할지 막막했다.

좀 빨리 시작할 걸 싶었다. 미루고 미루다 하필이면 비가 추적

추적 내리는 그날에야 함석판을 고르러 가게 되었다. 집을 나설 때부터 심상치 않던 하늘은 함석판을 사서 학교에 도착할 때쯤 되자 비를 쏟아내기 시작했다. 사장님은 배달이 밀렸다며 함석판을 어두컴컴한 실험실에 부려놓고 서둘러 떠났다. 밖에는 비가 쏟아지는데 어두운 실험실엔 나와 함석판들만 덩그러니 남았다.

철제 앵글의 폭에 맞게 함석을 잘라 왔지만 길이가 꼭 맞지 않는 일부 함석판은 더 잘라야 했고 앵글에 고정시키려면 구멍도 뚫어야 했다. 함석판 정도는 못과 망치만 있으면 구멍 정도는 쉽게 뚫을 수 있을 것이라는 예상은 보기 좋게 빗나갔다. 약하게만 보이던 함석판도 변변한 장비 하나 없이 두꺼운 가위 하나만 의지해 덤비는 내겐 틈을 보이지 않았다. 에어컨 하나 없는 실험실, 이마에선 빗방울보다 더 굵은 땀방울이 쉼 없이 흘러내렸다. 나는 그날 함석을 자르고 구멍을 뚫는 데 다섯 시간 이상을 썼다. 완성된 실험장비에는 지금도 그때의 슬리퍼 자국이 선명하다. 조교로 일할 당시에도 실험장비에 문제가 있으면 혼자서 고치거나 필요할 경우 새로운 실험장비를 혼자서 만드는 일은 흔했지만 이번 경우는 좀 달랐다. 그날 일은 내가 조교 5년 동안 겪었던 모든 일을 다 합쳐놓은 것보다 더 힘들었다.

이제 남은 일은 여기저기 굴러다니는 기계들의 작동 여부를 확인하는 것이다. 아무도 돌보지 않고 방치된 채 기계에 무지한 사람들의 손을 타다보니 성한 장비가 없었다. 고장 난 곳을 알아도 예비 부속이 없었다. 고장 난 기계들을 모두 모은 후 성한 부품을 골라서 하나로 합치는 일이 내가 할 수 있는 전부였다.

컴퓨터도 말썽이었다. 실험장비에 딸려 있는 컴퓨터는 사양이 떨어지는 것뿐이었다. Windows 98도 보기 어려운 시절 실험장비에는 486 컴퓨터가 windows 3.1을 기반으로 돌아가고 있었다. 나는 그해 여름 중고 컴퓨터를 사다가 Windows 98을 설치하느라 많은 시간과 돈을 허비했다. 쓸 수 있는 장비들을 새로 연결하는 일도 만만치 않았다. 서울대에 있을 때는 문제가 없었다. 장비를 어떻게 연결할지 모르면 선배에게 가서 물어보면 되었지만 이제는 혼자였다. 옛날 기억을 더듬어 장비를 연결할 수밖에 없었다.

버릴 것은 버리고 연결할 수 있는 것은 연결하고 나니 그제야 실험실처럼 보였다. 하지만 그게 끝은 아니었다. 막상 실험을 시작하려 해도 돈이 없었다. 실험실에서 쓰는 것은 모두 돈이다. 피펫의 팁 하나, 하다못해 휴지 한 장도 모두 돈이다. 실험동물도, 그놈들의 먹이도, 그놈들 누일 상자도 다 돈이었지만 내 수중엔 신임교수 연구비 400만 원이 전부였다. 연구비가 나오면 숨통이 트였을 텐데 나는 첫 번째 신청한 연구비 경쟁에서 떨어지고 말았다. 조교 때, 그리고 심지어 군에 있으면서도 해외 유명학회지에 꾸준히 논문을 발표하고 있었기 때문에 연구비를 받을 수 있을 줄 알았지만 현실은 그리 만만하지 않았다. 학위과정 중에 평활근 연구로 논문을 계속 발표했는데 자리를 잡으면서 학생 때부터 해보고 싶었던 신경으로 연구주제를 바꾸었던 것이 문제였다. 그때까지 평활근을 주제로 발표해왔던 연구논문들이 하루아침에 휴지

조각이 되어버렸다. 신경 쪽에 한 편의 연구논문도 없는 사람에게 어느 교수들이 연구비를 주라고 평가할 수 있겠는가? 나는 결국 2001년부터 2006년까지 연구비 없이 지낼 수밖에 없었다.

연구비가 없으면 연구를 하지 않고 강의나 하고 있으면 될 것 같지만 절대 그렇지 않다. 어느 대학이나 신임 교수들은 재임용 평가를 받는다. 평가기준은 다양하지만 가장 중요한 것은 논문이 다. 연구를 하지 않아 논문이 없거나 논문이 있더라도 일정 점수 를 채우지 못하면 재임용에서 탈락하게 되어 있다. 인문학을 전공 했더라면 연구비가 없더라도 논문을 쓸 수 있지만 나와 같은 실 험연구자들은 어림도 없는 일이다. 다 망가진 기계와 연구비 하나 없는 상태로 2년 안에 재임용을 통과할 수 있을 정도의 논문을 써 야만 했다. 2년은 긴 시간이 아니다. 새로 자리를 잡으면 1년 동안 은 강의 때문에 실험에 눈 돌릴 새가 없다. 연구원이 있고 실험실 이 갖춰진 상태라면 강의를 하면서 실험을 동시에 진행할 수 있겠 지만, 혼자서 아무것도 갖춰지지 않은 곳에서 2년 안에 논문을 자 력으로 쓴다는 것은 거의 불가능했다. 초임 교수에게 연구비가 없 다는 것은 생존의 문제인 셈이다.

연구비가 없는 교수들이 살아남는 방법은 연구비가 있는 교수 들과 공동연구를 하거나 모교 선생님들의 지원을 받거나 연구는 이미 끝났지만 발표하지 않고 가지고 있던 결과물을 이용해 논문 을 발표하는 것뿐이다. 여기에도 문제는 따른다. 예전에 논문 한 편을 외국 잡지에 실으려면 보통 1년 정도가 걸렸다. 요즘은 인터넷 덕분에 매우 빨라져서 2주 안에 논문이 실리기도 하지만 예전에는 그랬다. 논문을 보내고 심사하고 수정사항이 있으면 다시 고치고 이걸 다시 심사해서 게재가 결정되면 그 잡지에 실릴 예정인 다른 논문들과 순서를 기다렸다가 실리게 되는데 이 모든 과정이 우편을 통해 이뤄졌다. 6개월 정도가 가장 빠르고 대부분 1년 정도가 걸렸다. 논문을 보내고 심사위원들이 받아도 좋겠다고 결정하는 데 약 2개월이 걸린다. 수정사항이 있거나 심사위원들이 문제가 있다고 판단하면 심사위원들은 질문서를 보낸다. 질문은 단순히 논리로 방어할 수 있는 성질의 것에서부터 실험을 다시 하거나 보충해야 하는 경우까지를 모두 포함한다. 실험을 다시 한다면 새로이 결과를 얻는 데 약 한 달이 걸리고 이 부분을 포함한 새로운 논문을 쓰는 데 또 한 달이 걸린다. 새로이 교정한 논문을 다시 보내면 편집자는 이것을 다시 심사위원에게 보내고 심사위원이 승인해야 논문이 통과된다. 이 과정이 또 몇 개월이다.

대학의 재임용 기준은 상당히 까다로워서 심사대상자가 단순히 논문을 발표했다고 재임용을 허락하지는 않는다. 대학이 정한 논문점수를 채워야 하는데 단국대학교의 경우 승진에 필요한 점수가 300점이었다. 외국 잡지에 논문을 한 편 싣는 경우 저자가 한 명이면 300점을 준다. 하지만 저자의 수가 늘어나면 늘어난 저자의 수로 나누기 때문에 저자가 세 명만 되어도 한 명의 저자가 받는 점수는 100점으로 줄어들게 된다. 저자가 세 명이라면 1년에 세 편의 논문을 써야만 승진과 재임용을 통과할 수 있다는 뜻인데

내 인생의 실험은 아직 끝나지 않았다

2002년 그 당시의 논문심사 과정으로는 불가능했다.

선배들과 공동연구를 해서 점수를 채울 수도 있다. 하지만 공동연구는 공동연구대로 어려움이 있다. 공동연구를 하면 모든 결정권을 연구비를 쥐고 있는 교수가 갖게 된다. 논문을 언제 낼지를 결정하는 것도 그 교수의 몫이다. 그 정도로 하고 논문을 내면 좋겠다 싶은데도 어떤 교수들은 연구의 허점이 드러나지 않도록 끊임없이 실험을 새로 벌리는 경향이 있다. 이렇게 되면 내 사정이 이러니 빨리 논문을 내자고 재촉하기가 어려워진다.

다행히 내겐 항공의학적성훈련원(항의원) 시절에 만들어둔 결과물이 있었다. 실험을 주로 항의원에서 했으니 발표도 항의원 이름으로 하는 것이 맞지만 내 소속이 달라졌으니 단국대 소속으로 발표할 수는 있을 것 같았다. 옛날 결과들을 다시 꺼내 새로이 분석하고 그것을 다시 가공해서 논문을 쓰는 작업은 쉽지 않았다. 누락된 결과가 있어도 다시 항의원에 연락해서 받아올 수도 없는 형편이었다. 하지만 어쩔 수 없었다. 승진과 재임용이 달려 있는 문제였다.

2002년 여름 나는 논문을 작성해서 《미국항공우주학회(Aviation, Space, and Environmental Medicine)》지에 제출했다. 그리고 두 달이 지나서 연락이 왔다. 내용은 좋은데 영어가 문제이니 교정해서 보내면 실어주겠다는 기쁜 소식이었다. 그때부터 길고 긴 재수정과 재투고의 과정이 반복되었다. 영어를 고친다고 고쳐도 그들 눈에는 차지 않았던 모양이다. 나중에는 그들도 안 되겠다고 여겼던

지 자신들이 손을 볼 테니 그냥 보내라고 했다. 이제는 입장이 바뀌었다. 그들이 내 논문을 그들의 영어로 옮기고 내게 다시 보냈다. 자신들이 이렇게 고쳤는데 괜찮겠냐는 것이었다. 그 동안의 고생을 생각하면 나도 계속 퇴짜를 놓고 싶었지만 그렇게 할 수는 없었다. 내 대답은 항상 'OK'였다. 2003년 봄 마침내 'Short-term vestibular responses to repeated rotations in pilots (반복적 회전 자극에 대한 조종사의 전정반사)'란 이름으로 나의 단독 논문이 실렸다. 나는 그 논문으로 300점을 채웠고 승진과 재임용을 통과했다. 이 논문은 전투기 조종사들을 대상으로 한 몇 안 되는 희귀논문 중 하나다. 아직도 이 분야에서는 10대 논문 중 하나로 꼽힌다는 메일이 가끔씩 날아온다.

승진을 통과했다고 연구비 문제가 해결된 것은 아니다. 재임용 문제 또한 마찬가지였다. 4년 후 다시 부교수 승진 문제가 걸려 있다. 그때도 논문점수만으로 모든 게 결정된다. 이제 내가 할 수 있는 일은 공동연구 외에는 없었다. 그래서 달려간 곳이 이화여대와 아주대학이다. 당시 줄기세포 연구가 유행이었는데 이 세포의 기능을 검사할 수 있는 방법이 별로 없었다. 다행히 내가 가진 기술을 이용하면 그 문제를 쉽게 해결할 수 있어서 나는 당시 이 세포 연구가 한창 진행 중이던 아주의대의 연구실과 공동연구를 할 수 있었다. 이화여대에는 선배님이 계셨다. 선배님은 혼자 하실 수 있는 연구였을 텐데 내게 기회를 주고 싶어하셨다. 덕분에 실험에 참여할 수 있었고 논문도 같이 낼 수 있었다.

그러다보니 나는 실험실보다 고속도로에서 더 많은 시간을 보내야 했다. 1주일에 몇 번 아주의대를 방문해서 세포를 얻어오고 세포배양이 끝나 실험할 때가 되면 이화여대로 가서 직접 실험했다. 하루는 수원으로 하루는 서울 목동으로 그렇게 분주하게 다닐 수밖에 없었다. 남들처럼 시간강사를 하지는 않았으니 그와 비슷한 경험을 쌓는 것이라 생각하며 자위해야 했다. 하지만 그렇게 다녀도 형편은 나아지지 않았다. 연구비는 계속 떨어졌고 몸은 지쳐갔다. 무엇보다 신경생리를 연구하겠다는 꿈이 점점 멀어져가는 듯해 안타까웠다. 어느 분야의 전문가 소리를 들어야 하는데 여기저기 공동연구를 하고 있으니 앞으로의 입지가 걱정되었다. 이 상황을 극복하려면 무엇보다 나만의 연구실이 필요했는데 적어도 5,000에서 1억 정도의 돈이 필요했다. 연구비로 그걸 마련한다는 건 너무 아득해 보였다. 그런데 뜻밖의 소식이 들려왔다. 단국대에서 교비로 실험장비를 마련해준다는 소식이었다. 신경생리를 위한 아주 기본적인 장비만이긴 했지만 그래도 그 정도면 실험은 할 수 있을 것 같았다. 내 실험실을 갖추기 위한 긴 여정은 그렇게 끝이 났다.

　어려운 환경 속에서 열심히 노력해서 좋은 논문을 쓰고 그 논문으로 연구비를 받아 지금의 실험실을 이루게 되었다면 더 좋았을 것이다. 어떤 연구자에게는 그런 동화 같은 일이 일어나지만 내게는 그런 행운이 없었다. 비록 내 힘으로 마련한 장비들은 아니지만 나는 그 장비들을 볼 때마다 자부심을 느낀다. 마치 내 힘으로 마련한 듯한 착각이 들기 때문이다. 만약 내가 실험장비가 없다고 아무 일도 하지 않고 재임용을 통과한 것에 만족해 가만히 있었어도 학교에서 장비를 사주었을까? 나는 자신 있게 말할 수 있다. 절대 사주지 않았을 것이라고. 그래서 나는 분명히 선언할 수 있다. 이건 내가 마련한 장비라고.

신경생리학 실험을 위한 기초 장비는 마련되었지만 그건 정말 걸음마 수준이었다. 1994년 도쿄대학 생리학 실험실에 갔었던 기억이 난다. 그 실험실에서는 주로 세포 내 칼슘을 측정하는 실험을 하고 있었는데 국내에는 그런 실험을 할 수 있는 장비가 없던 때였다. 고색창연한 도쿄의대 건물은 혜화동의 서울의대 건물을 연상시켰지만 내부는 아주 딴판이었다. 공간은 그리 넓지 않았던 것 같은데 여기저기 흩어져 있는 실험대 위에는 고가의 장비들이 수두룩했다. 여기에 1억 저기에 1억 하는 식이었다. 사람이 없어서 쓰지 못하고 모셔둔 장비들도 있었다. 당시 서울대 생리학 교실에는 연구원 수만큼 장비가 있지도 않았다. 한 사람이 장비를 쓰면 다른 사람은 부득이 다른 방법으로 실험을 해야 하던 때였다. 1994년 당시 서울대와 도쿄대 생리학 교실의 격차는 심했다. 지금 내 실험실에 있는 장비들은 1994년 서울대 생리학 교실의 일부 실험실 수준이다. 2012년인 지금 도쿄대와 단국대 생리학 실험실을 비교하면 어떨까? 상상도 하기 싫다.

실험장비가 논문의 질을 좌우하지는 않는다. 아무리 실험장비가 나빠도 좋은 발견, 좋은 아이디어만 있으면 좋은 논문을 만들

수는 있다. 물론 실험장비가 나쁘면 새로운 발견을 하기가 어려운 면은 있다. 하지만 나는 구닥다리 장비들을 끌고 지난 10년간 분투해왔다. 10년의 밑거름은 고속도로에서 보냈던 시간들이다. 이제 또다시 새로운 고속도로로 나설 채비를 해야 한다. 그래야 세계 수준과의 격차를 조금이라도 줄일 수 있을 테니 말이다.

아는 것만큼
본다?

본과 1학년 때 해부학만큼 내가 싫어했던 과목은 조직학이다. 조직학은 정상적인 조직을 얇게 자르고 고정한 뒤 염색하여 조직의 구조를 연구하는 학문이다. 정상적인 구조를 알아야 병에 걸린 조직의 변화를 알 수 있으니 의학을 처음 접하는 학생들에겐 매우 중요한 과목이다. 하지만 이건 이렇게 생겼고 저건 저렇게 생겼다 정도를 가르치는 학문으로 잘못 알고 있던 나에게는 따분한 과목이었다. 내가 조직학을 싫어했던 이유는 원래 형태에 민감하지 못한 이유도 있었지만 무엇보다 그림을 그려야 했기 때문이었다.

조직학도 실습을 했는데 그 방식은 매우 단순했다. 조교들이 염색된 특정 조직의 절편이 들어 있는 슬라이드를 나눠주면 그것을

내 인생의 실험은 아직 끝나지 않았다

현미경으로 관찰하고 A4 크기의 스케치북에 그 모양을 그리는 것이었다. 그림을 그리라는 것은 그 슬라이드상에 놓인 염색된 조직의 특징을 파악하고 이를 잘 기억할 수 있도록 자신만의 그림으로 재구성하라는 뜻이었건만 그 깊은 뜻을 알 수 없었던 나는 현미경 위에 놓인 슬라이드를 똑같이 그리기에 바빴다. 나는 그림 실력이 그리 좋은 편이 아니었던지라 그 시간을 그리 반기지 않았다. 조직학 도감에는 실습시간에 보는 것과 유사한 사진은 얼마든지 찾을 수 있다. 유사한 사진이 있기 때문에 똑같이 그리는 것이 중요한 일이 아니었는데도 나는 내가 왜 그림을 그려야 하는지도 모르고 똑같이 그리기에 급급해하며 한 학기를 허송하고 말았다.

조직학 슬라이드는 매우 아름답다. 염색기법과 실험자의 숙련도가 슬라이드의 아름다움을 결정하는 가장 큰 요인이긴 하지만 슬라이드가 가지는 아름다움은 조직 그 자체에 있다. 나름의 이유와 질서를 가지고 배열되어 있는 조직의 아름다움을 슬라이드를 베껴 그리기 바빴던 학생 때는 알지 못했다. 실험자가 되어 조직을 만들고 염색하게 된 지금에서야 비로소 그 아름다움이 눈에 들어온다. 학생 때에는 세포는 세포고 결체조직은 결체조직이었을 뿐이었다.

여기 두 장의 슬라이드가 있다. 한 장은 세포들이 가득하고 또한 장은 결체조직으로 채워져 있다. 조직학적 지식이 있는 사람이라면 세포들로 가득 찬 슬라이드를 보고 무엇인가를 분비하는 세포라는 것을 금방 알 수 있다. 핵이 놓인 부위가 넓고 핵이 놓이지 않은 반대쪽은 좁은 형태를 한 세포들이 서로 어깨를 맞대고 둘러서 커다란 파이프 형태를 만들고 있다. 마치 케이크를 먹기 좋게 여러 조각으로 잘라놓은 듯하다. 세포가 삼각형 모양인 이유는 핵이 놓인 밑변에 해당하는 부위에서 분비할 물질을 만들어 삼각형의 꼭짓점에 해당하는 부위로 분비하기 때문이다. 그리고 이 세포들이 모여 커다란 파이프 형태를 만드는 것은 분비할 물질이 나가는 통로를 만들기 위함이다. 세포 안에 가득한 알갱이들은 세포가 먹었거나 세포에서 만든 물질들이라는 것을 짐작할 수 있다. 파이프 형태를 갖추고 있는 것, 이 많은 세포들 모두 걸신들린 듯 무언가를 먹었을 가능성이 낮은 것을 고려하면 알갱이들은 분명 세포에서 만들어서 분비할 물질임이 분명하다. 여기까지 추측할 수 있다면 이 조직이 무언가를 분비하는 조직이라는 것을 대충 짐작할 수 있다.

이 슬라이드는 이자(pancreas)의 조직을 염색한 것으로 삼각형 모양 세포 안에 가득 찬 알갱이는 이자에서 분비되는 소화효소다. 한눈에 이 조직이 이자라는 것을 알지 못해도 상관없다. 분비 조직이라는 것만 알 수 있다면 조직학의 기본은 아는 셈이다. 나머지는 경험이 해결해줄 것이다. 다른 한 장의 슬라이드는 동맥과 정맥을 염색한 것이다. 이렇게 말하면 아하 저게 동맥이고 저게 정맥이구나 하며 금방 무릎을 칠 사람도 몇 있을 것이다. 보라색으로 염색된 부위가 많은 것이 동맥이고 그렇지 않은 것이 정맥이다. 보라색은 탄성섬유(elastic fiber)를 염색한 것으로 높은 혈압

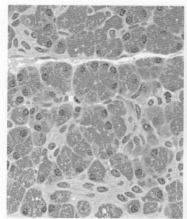
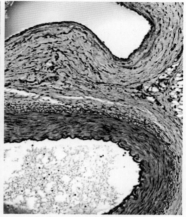

이자(pancreas)의 조직 염색   동맥과 정맥의 염색. 위쪽이 정맥, 아래쪽이 동맥

을 견뎌야 하는 동맥에 많은 것이 정상이다. 반면 정맥에는 혈압이 낮은 피가 흐르고 피가 흐르지 않을 때는 쉽게 닫혀야 하기 때문에 탄성섬유보다는 조직을 지지하는 역할을 하는 결체조직이 더 많다. 생리학의 순환계 강의에 빠짐없이 등장하는 것이 동맥과 정맥의 차이다. 나는 학생들에게 그 부분을 강의하면서 비로소 동맥의 탄성섬유와 정맥 결체조직의 의미를 파악했다. 학생 때에는 그 의미를 제대로 알지 못했다.

알고 보면 쉽다. 염색된 조직은 거기에 누워 우리에게 말을 걸고 있다. 눈으로 보지 말고 지식을 통해 보면 슬라이드는 우리에게 자신의 구석구석을 빠짐없이 알려준다. 그러나 본과 1학년 때의 나는 지식을 통해 슬라이드를 볼 줄 몰랐다. 눈과 손으로만 슬라이드를 보고 그렸다. 눈과 손으로 익힌 지식은 머리에 남질 않

아는 것만큼 본다?

았다.

본과 2학년에는 병리학이 있다. 병리학은 병의 원인을 밝히는 학문으로 병이 흔적을 남긴 조직이 연구대상이 된다. 구체적으로는 질병으로 사망한 시체에서 떼어낸 조직이나 수술을 통해 제거한 조직 등을 말한다. 떼어낸 조직은 통째로 포르말린으로 고정하여 용기에 담아두거나 절편으로 잘라서 염색하여 조직학적 특성을 검사한다. 병리학 실습 시간, 다시 병리학 슬라이드가 주어졌다. 그림 그리기는 본과 2학년 때도 피해가지 못했다.

조직학의 토대가 튼튼하지 않은 내 눈은 병리학 슬라이드와 조직학 슬라이드의 차이를 구분하지 못했다. 암세포나 염증세포가 슬라이드 전체를 덮고 있으면 더 심했다. 도대체 무슨 암인지 짐작조차 가지 않았다. 게다가 표현은 또 왜 그 모양인지 tram-track like appearance(기찻길 모양)라거나 tennis club like appearance(테니스채 모양) 따위의 표현들이 내 눈을 가렸다. 그런 형태가 어떻게 만들어졌는지를 알려고 들면 훨씬 더 이해하기 쉬웠을 텐데 나는 슬라이드에 나오는 특징적 모양에만 관심을 가졌다. 사실 이런 식으로 공부를 하는 것은 지극히 비효율적이다. 그것은 마치 어떤 사람의 얼굴 전체를 보지 않고 그 사람의 얼굴에 있는 사마귀만을 보고 이름을 외우려 드는 것과 같다. 사실 이름을 외우려면 그 사람의 얼굴을 기억하는 것이 가장 빠른 일이다. 하지만 나는 그 병의 병리학적 특성에만 집착하여 무슨 body니 substance니 하는 것만 외우려 들었다. 이런 식의 기억은 오래

가지 않는다. 병리학 시험 때 슬라이드만 나오면 무척이나 고생했던 게 아직도 생생하다.

병리학 슬라이드가 가진 이야기를 내게 제대로 들려주셨던 분은 지제근 교수님이다. 당시 지제근 선생님이 담당하신 부분은 신경병리학이었는데 선생님의 강의는 다른 선생님들과 달랐다. 선생님께선 슬라이드를 보여주시면서 그 슬라이드의 특징을 강조하지 않고 왜 이 슬라이드가 이렇게 생기게 되었는지에 대해 말씀해주셨다. 당시 선생님이 보여주신 근육조직 슬라이드는 아직도 기억이 난다. 정상적인 근육이라면 근막 안에 일정한 크기의 근육섬유들이 모여 있는 형태다. 형태학적 기술을 빌자면 소위 장기판 모양(checker board appearance)을 하고 있다. 근육섬유는 신경이 지배하기 때문에 그 신경이 손상되면 지배받고 있는 근육섬유의 무리가 전체적으로 퇴축되는 현상이 나타나는데 이것을 group atrophy(집단 위축이라고 번역해야 할까?)라고 부른다. 선생님은 어떻게 group atrophy가 일어나는지에 대해 설명하셨다. "group atrophy는 신경이 손상된 근육에서 볼 수 있는 현상이다"라고 설명하는 것과는 하늘과 땅 차이다. 나는 지제근 선생님의 강의를 들으면서 병리학의 묘미를 조금씩 알게 되었다. 그 이후 나는 병리학 슬라이드를 보면서 숨겨진 이야기나 부호들, 병의 원인들에 대해 조금씩 눈을 떠갔다. 그때는 이미 본과 2학년이 끝나갈 때였으므로 늦은 감은 있었지만 덕분에 3학년이 되었을 때는 후배들에게 병리학 슬라이드를 어떻게 보아야 하는지 얘기해줄 수 있을 정도가 되었다.

배우는 과정이라면 지식을 통해 현상을 파악해야만 한다. 하지만 새로운 것을 탐구하는 과정은 배우는 과정과는 다르다. 새로운 현상은 때로 아무런 사전 지식 없이 우리 앞에 모습을 드러낸다. 이럴 경우 아무런 편견 없이 있는 그대로를 묘사하고 바라볼 필요가 있다. 어쭙잖은 지식이 있을 때, 실험을 통해 남들이 놀랄 만한 발견을 하고도 스스로 받아들이지 않고 폐기하는 경우가 가끔 있다. 단지 이미 알려진 지식으로 설명하기 어렵다는 그 이유만으로 말이다. 물론 이것 참 재미있다 싶어 두고두고 따져보는 경우도 많지만 도저히 설명이 어렵다는 이유만으로 그 발견을 묻어두는 경우도 허다하다. 단순히 묻어두는 경우는 괜찮다. 어떤 이들은 심지어 사실을 왜곡하기도 한다. 역사적으로 보면 의학에서도 그런 일은 비일비재했다. 심지어 해부학에서도 왜곡이 있었다. 있는 그대로를 바라보는 해부학에서 뭐 그런 일이 있었겠나 싶지만 안타깝게도 사실이었다.

해부학의 시작은 헤로필러스(Herophilus, BC 335~BC 280)로부터 시작되었다. 그는 에라지스트라투스(Erasistratus, BC 304~BC 250)와 함께 수백 구의 시체를 해부했다. 분명 교과서를 만들었을 법도 한데 전해져 내려오는 것은 없다. 그리스에서 시작된 해부학은 400여 년이 지나 갈레노스로 이어졌다. 갈레노스가 헤로필러스와 에라지스트라투스의 해부학을 계승하기는 했으나 당시 로마법이 인체의 해부를 금하고 있었기 때문에 갈레노스는 인체를 직접 해부하지는 못했다. 대신 검투사의 외과의로 활동하며 검투사의 상처를 통해 인체를 들여다보거나 소나 양, 돼지, 고양이, 개, 원숭이 등을 해부하여 해부학에 대한 궁금증을 풀었다. 이 과정에서 갈레노스는 숱한 해부학적 오류를 유산으로 남겼고 후세 사람들은 그 오류에서 자유로울 수 없었다.

1200년대 유럽에서 갈레노스와 그의 해부학이 다시 주목받게 되었을 때 갈레노스의 오류들은 곳곳에서 사람들의 발목을 잡았다. 비록 "교회는 피를 흘리는 것을 혐오한다"라는 금칙이 있어 외과의가 천대받기는 했지만 (르네상스 이전에는 이발사나 사형집행인 등이 외과의로 일 했다.) 인체 해부가 법적으로 금지된 것은 아니었기에 얼마든지 오류를 바로잡을 수 있었다. 그러나 당시의 해부학자들은 갈레노스의 오류를 고치기 위해 노력하지 않았다. 교회의 영향이 여전히 컸던 그 당시, 해부학자들은 갈레노스를 넘어서 새로운 것을 찾고자 노력하지 않았다. 육체에 영혼이 깃들인다는 것을 받아들일 수 없었던 교회의 사제들이 비어 있는 뇌실에 인간의 영혼이 존재한다는 갈레노스의 주장을 받아들이면서 갈레노스의 지위가 높아지자 갈레노스의 해부학이 그 당시 해부학자들에게 절대적 권위로 다가왔기 때문이었다. 해부하는 방식도 문제였다. 명색이 해부학자였지만 스스로의 손을 더럽히지 않았다. 그들은 사람들을 모아놓고 높은 의자에 앉아 갈레노스가 남긴 교과서를 큰소리로 낭독했고 해부학자들의 지시를 받은 외과의들이 시체를 해부했다. 이런 과정에서 새로운 무언가를 발견하기란 쉬운 일이 아니었을 것이다.

갈레노스의 해부학에 정면으로 반기를 든 사람은 베살리우스 (Andreas Vesalius, 1514~1564)였다. 파두아 대학 해부학 강좌를 맡고 있던 23세의 베살리우스는 강단에서 내려와 직접 칼을 잡았다. 학생들이 보는 앞에서 직접 해부를 하고 해부된 부위를 직접 그렸다. 이렇게 시작된 그의 작업은 1543년 『인간 신체구조에 관하여(De humani corporis fabrica)』란 해부학 도감의 발표로 완결된다. 베살리우스는 이 과정에 대해 "만약 솜씨 없는 이발사들이 피상적인 방법으로 사람들 앞에서 해부하여 제시한 장기를 보는 것에 만족했더라면 나는 결코 이 일을 해낼 수 없었을 것이다"라고 회상했다. 베살리우스는 200여 가지 이상의 갈레노스의 해부학적 오류를 발견했고 이들을 바로잡았다. 이 과정은 순탄치 않았다. 예를 들면 이런 식이었다. 베살리우스가 갈레노스가 존재한다고 했던 어떤 정맥이 실제로는 없다고 했을 때 청중 속에 있던 어떤 교수가 갈레노스가 있다고 했었다며 베살리우스의 말을 끊었다. 베살리우스는 "그렇다면 내게 보이시오"라고 대답했지만 그 교수는 아무 말도 하지 않았다고 했다. 새파란 젊은 교수에게 일일이 대꾸할 가치를 느끼지 못했던 것도 있지만 그만큼 당시 사람들이 갈레노스를 어떻게 받아들였는지를 알려주는 일화라 할 수 있다. 베살리우스의 스승이었던 실비우스(Jacobinus Sylvius)는 "정직한 독자들에게 고합니다. 자신의 스승에 독설을 퍼붓고 저주하는 재능 없는 광인에게 조금이라도 주의를 기울이는 일이 없기만

내 인생의 실험은 아직 끝나지 않았다

바랄뿐입니다"라고 했고 심지어 베살리우스가 극형에 처해져야 한다고까지 주장했다. 있는 것을 있다고 주장해도 반박을 받는 세상을 젊은 베살리우스는 살아야 했다.

있는 그대로를 본다는 말, 쉬울 것 같지만 실제로는 어렵다. 알지 못할 때는 보이는 것을 이해하지 못하고 조금 알게 된 이후에는 아는 것만 보려고 한다. 전자는 무식의 소산이고 후자는 나태의 소산이다. 의학에 발을 들여놓은 지도 벌써 20년이 넘었다. 하지만 아직도 나는 이 문제에서 자유롭지 못하다. 아마 이 문제는 내가 은퇴할 때까지 풀지 못할 것이다.

전문가

내가 군대 얘기를 꺼낼라치면 아내는 항상 핀잔부터 준다. 당신이 언제 군대를 갔었냐고 그냥 놀고 온 거 아니냐고. 그러면서 꼭 한마디 덧붙인다. 3년간 자신이 차린 밥 먹으며 잘 놀고 왔으니 어디 가서 군대 갔다 왔다는 얘기는 말라고.

사실이 그랬다. 1998년 군에 가야만 했을 때 나를 기다린 곳은 청원군에 있는 항공의학적성훈련원이었다. 나처럼 환자를 보지 않고 연구만 하는 의사가 갈 만한 곳이라곤 국군의학연구소, 항공의학적성훈련원, 해양의학적성훈련원 등 군 전체를 통틀어 단 세 곳뿐이다. 나는 운이 좋았던지 그중에서도 가장 편하다는 항공의학적성훈련원에 배치되었다. 맑은 공기와 푸른 숲, 고라니가 노니는 골프 연습장, 국제 규모의 실내 수영장과 야외 수영장, 아무도 없는 새벽에 혼자 돌았던 9홀의 골프장, 작고 부실했지만 두 식구 살기엔 안성맞춤이었던 관사까지 군에서 보냈던 3년은 내 인생의 황금기였다.

훈련원에서 하루를 보내기는 무척 힘들었다. 특히 훈련원에 배치된 첫 1년이 제일 심했다. 2년차와 3년차 때에는 박사학위를 취득하기 위해 시간이 나면 충북대로 실험을 하러 다녔고 항공생리학과에 새로 도입된 전정기능 검사기를 이용해서 실험을 하고 논문을 쓰느라 바빴다. 하지만 1년차 때는 어느 것도 할 수 없었다. 아침에 출근하면 과장실에 배달된 신문을 종류별로 정독했다. 신문 맨 앞장부터 끝까지 보아도 시간이 잘 가지 않았다. 임상 각 과의 군의관들은 무엇을 해야 할지 처음부터 알고 있었던 것처럼 행동했다. 그들은 시간이 나면 스타크래프트를 했고 혼자 하다 지치면 컴퓨터를 연결해서 다른 군의관과 편을 나누어 했다. 스타크래프트에 지친 군의관들은 바둑으로 시간을 보냈고 그래도 시간이 남으면 영어공부를 하거나 고시공부를 하기도 했다. 그리고 일과가 끝나면 대부분 골프채를 들고 연습장으로 향했다. 저녁에는 모여서 술을 마셨고 다음날이면 새벽같이 일어나 골프장으로 향했다. 나는 가끔 바둑을 두긴 했지만 스타크래프트도 영어공부도 술도 관심 없었다. 지금도 그때를 생각하면 하루를 어떻게 보냈는지 참 한심하다.

적막하기 그지없는 항공생리학과도 조종사들의 체력을 검사하는 날이 되면 무척 분주해진다. 항공의학적성훈련원은 조종사들이 비행을 해도 되는지 여부를 판정하는 곳이다. 조종사들은 정해진 때가 되면 여기서 몇 가지 검사를 받아야 했고 군의관들은 비행 가능 여부를 판단해야 했다. 이 과정에 생리학과에서 하는 일은 거의 없다. 딱 한 가지가 있긴 한데 그건 폐기능 검사 정도다. 사실 이것도 내과에서 하면 되니까 굳이 항공생리학과에서 할 필요는 없는데 어떤 이유에서인지 폐기능 검사만은 생리학과에서 전담하고 있었다. 그 외의 체력검사는 비행 가능 여부를 결정하는 데 하등의 관계가 없다. 오로지 순수한 학문적 호기심의 차원에서 선배 군의관들이 만들어놓은 과정이었고 내가 과장으로 있을 때에는 을지대학교 생리학 교실에서 조종사들의 체력에 대한 연구를 진행 중에 있었다.

조종사들이 오가고 줄을 지어 순서를 기다려도 내가 할 일은 없다. 방에 가만히 틀어박혀서 책이나 읽는 게 고작이다. 복도에 나갔다가 상급자를 만나기 싫어서였다. 상급자를 만난다고 해서 경례를 척 붙이지도 못했다. 그저 목례 정도만이다. 그들을 존중하지 않아서가 아니다. 하급자가 당연히 경례를 해야 하는 것은 우리도 알고 있다. 단지, 군의관들은 여전히 민간인이란 의식이 남아 있어서 그럴 뿐이다. 경례를 해야 한다는 것을 알기에 손은 머리에 붙이면서 머리도 동시에 숙이는 식의 경례를 할 때가 많다. 조종사들도 신경 쓰지 않았다. 군의관이면 으레 그러려니 한다. 어떤 때는 별 셋(중장)의 의전차가 지나가는데도 목례를 했던 때가 있었다. 아마 중장님께서도 저놈 저거 분명 군의관일 거야 했을 것이다. 가끔 심심해서 체력검사를 직접 해주기도 했다. 그때 흔히 들었던 말이 있다. "우리도 전문가고 군의관님도 전문가니 전문가끼리 ……" 하는 얘기였다. 나는 그 말을 들을 때마다 신경질이 났다. '전문가가 어쨌다는 건데?'라는 생각도 났지만 무엇보다 나를 자신들과 동급으로 취급하는 것이 마음에 들지 않았다. 다른 군의관들도 마찬가지 반응을 보였다. 출신학교를 불문하고 조종사와 동급으로 취급당한다는 것이 마음에 안 들었던 것 같다. 우린 그 어렵다는 의대를 졸업해서 전문의 자격까지 딴 사람들이다. 환자들 생명이 내 손에 달려 있는데 감히 나와 맞먹으려 해? 뭐 이런 심정 아니었을까?

우리나라에서 군인은 오랜 독재정치 때문에, 전두환, 노태우 등 전임 대통령들 때문에, 광주 민주화 운동 때문에, 87 민주화 항쟁 세대인 우리에게 군바리라는 이름으로 불리고 있었다. 의사들이 그들과 동급의 지위를 누리고 싶어하지 않는 근본적 이유는 바로 거기에 있었다. 사실 조종사라면, 그것도 전투기 조종사라면 최고의 엘리트라고 해도 과언이 아니다. 그들이 모는 비행기가 얼마짜리며 그들이 쏘는 미사일이 얼마짜리인가? 미국이나 이스라엘, 아니 어느 선진국이라도 전투기 조종사의 사회적 위치는 각별하다. 겨우 의대나 나와서 경례도 제대로 못 붙이는 찌질한 전문의들과는 비교가 안 된다. 그들이 '같은 전문가끼리……' 운운하는 것도 사실 어떻게 보면 '그래 진짜 전문가인 우리가 너희를 인정해줄 테니 어디 한번 우리를 잘 모셔봐라'라는 식으로 받아들이는 게 더 타당해 보인다. 물론 그들이 곁을 내주겠다고 나서는 데는 실용적인 이유도 있다.

요즘은 많이 달라졌지만 사회에서 의사들은 여전히 갑(甲)이다. 항공의학적성훈련원에서의 지위도 그랬다. 비행 여부의 결정권을 쥐고 있는 게 의사들이니 조종사들은 고깝더라도 의사를 갈굴 이유가 없다. 의사와 친해서 나쁠 것도 없다. 같은 관사에 살고 있고 가족들도 같은 영내의 의사들이 봐줘야 한다. 밤에 갑작스레 아이가 열이 나면 당직 군의관을 찾지 않더라도 친분이 있으면 관사에서 쉬고 있는 다른 군의관을 쉽게 연락할 수도 있다. 경례도 잘 못 하지만 그렇다고 마냥 엄격하게 다루기에는 떨떠름한 존재들이다. 군인들도 그걸 잘 안다. 그래서 군의관은 군에서 별종 취급을 받는 것이다.

항의원 군의관들은 규정에 따라 비행기를 의무적으로 탑승해야 한다. 비행적성을 검사하려면 비행경험이 있는 군의관이어야 하기 때문이다. 항의원에 있는 군의관들은 그러한 이유로 모두 비행 군의관(flight surgeon)의 자격을 갖춰야 한다. 이 자격을 갖추려면 일정 과정의 교육과 그와 관련된 훈련을 받아야만 한다. 가끔씩 〈남자의 자격〉 같은 예능프로그램에서 소개된 조종사 훈련 기기인 곤돌라(인간 원심분리기) 탑승이나 저압방 입실, 비상 탈출 훈련 등이 비행 군의관이 받아야 하는 훈련들이다. 이 자격을 받은 후에도 비행 군의관은 규정상 1년에 몇 번씩 정해진 규정에 따라 전투기나 수송기, 헬기 등의 항공기를 탑승해야 한다. 군의관들은 대부분 헬기를 탔다. 환자를 후송하는 것이 군의관들의 일 중 하나이니 헬기를 타는 것이 합리적이긴 하지만 사실 조종사들을 더 잘 이해하기 위해서는 전투기를 타보는 것이 가장 좋다. 항의원 원장님께서도 언젠가 내게도 F16을 타보도록 추진하겠다는 말씀을 농담 비슷하게 던지신 적이 있었다. 결국 한 번도 타보지 못하고 군을 마쳤지만 말이다.

규정에 따라 헬기를 타러 가곤 했던 곳은 청주 비행단이었다. 그날도 헬기 탑승을 기다리며 휴게실에 앉아 있었는데 한 조종사가 들어왔다. 그는 당직 근무를 끝내고 막 돌아가려는 참이었다. 그에게 당직 근무 동안 무얼 하냐고 했더니 비상 출동 대기조에 있었다는 답이 돌아왔다. 그게 뭐냐고 다시 물었더니 수상한 선박이나 비행기가 나타나면 언제라도 출동할 수 있도록 밤에 부대에서 대기하는 것이라고 했다. 그는 그 외에 선배 조종사들에 관한 이런저런 얘기를 해주었는데 그중에는 상상도 못 했던 얘기도 있었다. 그 내용은 군사기밀에 속할 듯하여 자세히 언급하지 않겠다. 그것은 어떤 작전과 관련된 것이었는데 당직 근무자는 그 소식을 들은 많은 조종사들이 자원하겠다고 했으며 유언장까지 작성하려 했다는 얘기를 들려주었다. 나는 그 얘기를 듣는 동안 소름이 끼쳤다. 나와는 다른 부류의 사람들을 만났다는 경이로움 때문이었다. 나는 진정한 무인(武人)이란 무엇인가 하는 것을 배웠다. 그날 이후 난 그들이 스스로를 전문가로 부르는 것에 대해서

도, 우리를 전문가 취급해주겠다는 것에 대해서도 아무런 반감을
가지지 않게 되었다.

조종사들은 죽음을 옆에 두고 산다. 비행장 근처 관사는 비행기
소음이 끊어지면 관사 전체가 불안에 떤다. 그건 또 누가 죽었다
는 뜻이기 때문이다. 비행사고 소식이 들리고 관사 정문에 지프차
가 나타나면 관사 주민들의 호흡은 멎는다. 차가 천천히 돌아 어
느 관사를 향하면 다른 관사 주민들은 안도의 한숨을 내쉬고 차가
닿은 관사 주민들은 새파랗게 질린다. 차는 서너 개의 입구 중 하
나 앞에 멈춘다. 그리고 제복을 입은 장교가 5층 관사의 어느 집
대문을 두드리기까지 사람들은 긴장을 풀지 못한다. 옛날 F5 제공
호나 F4 팬텀이 나오기 전에 F86 세이버가 공군의 주력기였을 때
이러한 풍경은 드물지 않았다고 했다.

그래서인지 조종사 가족의 삶은 특별하다. 날아다니는 잠자리
를 잡지 않음은 물론이고 일상의 대화중에도 '떨어진다'라는 말은
거의 쓰지 않는다. 부부싸움을 하고 싶어도 비행을 앞두고서는 절
대 금물이다. 심지어 꿈자리가 사나우면 부인들은 대대장실에 직
접 비행을 하지 않게 해달라고 전화를 걸 수 있다. 그런 전화를 받
으면 조종사의 몸 상태를 불문하고 비행을 하지 못하게 한다. 첨
단과학으로 운영되는 부대라도 어쩔 수 없다.

조종사들은 술도 마음대로 마시지 못한다. 밤늦게 영화를 보는
것도 금물이다. 먹기 싫어도 아침은 꼭 먹어야 한다. 어디 멀리 놀
러 가지도 못한다. 항상 부대 근처에 있어야 한다. 공군은 이런 조

168

종사들을 위해 부대 내에 위락시설을 갖춘다. 골프 연습장이나 골프장이 바로 그것이다. 수영장, 볼링장, 탁구장도 마찬가지다. 사정을 모르는 사람들은 부대 내 골프장을 비난하지만 나는 그날 이후 내 시각을 바꿨다. 그들은 그런 대접을 받아야 한다.

의사들도 전문가들이고 환자의 생명을 다루는 사람들이지만 그렇다고 자기의 목숨을 걸지는 않는다. 나는 조종사들을 통해 전문가가 무엇인지 배웠다. 환자도 안 보고 연구만 하는 나는 어떤 전문가인가? 과연 나는 목숨을 걸고 연구를 해봤는가? 대답은 하지 않아도 모두 잘 아실 것이다. 나는 조종사들을 생각하면 부끄럽다. 그 전문가들에게 경의를 표한다.

자존심

내가 생리학 교실에 처음 들어갔을 때 내 호칭은 '안 선생'이었다. 교실의 제일 원로셨던 선생님부터 가장 막내인 나에 이르기까지 호칭은 단 하나 '선생'이었다. 교실의 제일 웃어른이셨던 선생님은 사석에서 '안 군'이라고 부르시는 경우가 있었지만 대부분 공식 명칭은 '선생'이었다. 의사면허를 득했으니 그걸 존중한다는 의미였지만 까마득한 후배에게 '선생'이란 호칭으로 불러주신 것은 정말 고마운 일이다.

호칭은 학교마다, 교실마다 다 다르다. 내가 대학에 자리를 잡은 뒤 가장 많이 듣는 호칭은 물론 '교수'다. 말끝마다 '안 교수님'이란 호칭은 여전히 적응하기 어렵다. 나는 병원식당에 가도 '교수 전용'이라 지정된 곳에서는 밥을 가급적 먹지 않는다. 교수의 자질이 부족하다고 늘 느끼기 때문이기도 하고 특별히 대접받는 게 마음에 들지 않아서이기도 하다. 어떤 교수는 상대 교수를 박사라는 호칭으로 부르기도 한다. '안 박', '김 박'처럼 말이다. 물론 박씨 성을 가진 교수에겐 이런 식으로 부르지 못한다. 강 씨나 민 씨 호 씨 등도 마찬가지다. '선생'이란 편한 호칭을 두고 굳이 '박사'라고 부르는 데는 박사학위가 지닌 상징성 때문이지만 학력 인플레가 심한 한국에서 아직도 '박사'를 고집할 필요는 없어 보인다.

'선생'의 호칭은 그만한 능력을 기대한다는 의미도 들어 있다. 지도교수님들도 우리를 그렇게 생각하고 그만한 수준을 요구하셨다. 생리학을 전공하는 대학원생의 신분이었지만 요즘 흔히 보는 대학원생들과는 달랐다. 실험방향과 계획과 집행을 스스로 결정해야만 했다. 실험실마다 조금씩 사정은 달랐지만 실험을 능동적으로 계획하고 수행한다는 점에서 교수가 시키는 실험만 수동적으로 따라하는 요즘의 대학원생과는 달랐다. 그래서인지 자부심도 남달랐다.

조교를 '선생'이라 부르고 그에 맞는 대접을 하는 것이 보편적인 일은 아니다. 동양에서는 더 심하다. 1994년 중국 상하이에서 열린 아시아 생리학회에 참석했을 때 그걸 절실히 느낄 수 있었다. 상하이의 한 호텔에서 열린 학회에 참석하려고 들어가는데 한 무리의 중국 학자들이 우리 일행을 잡았다. 학회 일정이나 행사 등을 알려주기 위해서였는데 몇 마디 말이 오가다 우리가 조교라는 것을 알고 나니 얼굴이 굳어졌다. 그리고 더 말이 없었다. 아침부터 조교 따위를 만나 재수가 없다는 표정이었다. 일본 학자들은 그렇게 반응하지 않는다. 속으로는 어떤 생각을 하는지 알 수 없으나 적어도 겉으로는 그렇게 대놓고 홀대하지 않는다. 그렇다고 일본에서 조교의 지위가 높다고 말하기는 좀 그렇다. 일본에서 교수가 되려면 그 과의 교수가 죽어야만 한다는 말이 있을 정도로 수직적 구조이기 때문에 가장 아래에 놓인 조교의 위치가 절대 높을 수 없다. 조교를 단순히 조교 취급하지 않고 동료로 받아들이는 서울대 생리학 교실의 전통은 매우 드문 경우에 속한다.

'선생'으로서의 자부심은 실험을 하고 논문을 쓰는 데 절대적이다. 지금 하는 실험은 내 실험이고 논문도 마찬가지다. 실험의 오류는 나의 오류이지 지도교수님의 오류가 아니다. 그러니 실험을 해도 정성을 다할 수밖에 없다. 척박한 환경에서도 좋은 논문을 만드는 선배님들과 동문들의 활약은 다 이런 자부심에서 비롯한다.

자부심이 있는 것은 좋지만 때로 그것 때문에 어려움을 겪기도 한다. 특히 문화가 다른 사람들과 만날 때 나의 자부심이나 자존심은 생각지 않은 결과를 만들기도 한다. 미국에 박사 후 연수를 갔을 때 받은 상처는 아직도 잊지 못한다.

2004년도의 일이다. 나는 미국 피츠버그 대학으로 박사 후 연수를 갔다. 흔히 포닥이라고들 한다. Post-doc의 준말이다. 포닥

은 박사학위를 마친 사람이 자리를 잡기 전에 잠시 다른 실험실에
서 연구를 하는 사람을 말한다. 교수가 되기 전 경력을 쌓는 과정
이라 할 수 있다. 나는 미국에 가기 전 미국에서의 포닥의 지위가
어떤 것인지 몰랐다. 내가 미국에 갈 때 나는 이미 조교수였기 때
문에 방문하는 실험실의 교수도 나를 그렇게 대해줄 것으로 막연
히 기대했었다. 하지만 실제로 그곳에 가보니 분위기가 그렇지 않
았다. 나는 그저 그 사람 연구실에 돈으로 고용된 연구원에 지나
지 않았다.

피츠버그 대학 신경생물학과의 칼 칸들러(Karl Kandler) 교수
가 나의 상사였다. 표면적으로는 학생이나 교수 모두 평등한 관계
였다. 대부분 이름을 불렀고 혹시라도 Professor라고 부르기라도
하면 무척 어색해하기도 했다. 더 어색하게 만들려면 Professor
doctor Karl Kandler까지 붙이면 된다고 했다. 이름을 직접 부르
는 일은 미국이니까 가능하지 한국이라면 도저히 꿈도 못 꿀 일이
다. 그러나 그러한 평등한 관계는 어디까지나 표면적이다. 내가 그
의 연구비로 월급을 받고 있는 한 그는 나의 상사고 나는 그의 고
용인일 뿐이다. 그걸 내게 깨우쳐준 이도 바로 칼 칸들러였다.

언젠가 그는 내게 어떤 실험을 끝냈냐고 물었다. 그 실험은 바
로 2~3일 전에 내게 요청한 실험이었다. 하지만 그 실험실은 동
물이 있어야 실험을 할 수 있었고 나는 계속 동물을 기다리고 있
었을 때였다. 그래서 아직 못 했다고 했더니 교수는 대뜸 화를 내
면서 "내가 시켰으면 해야 한다. 너는 내가 고용한 사람이다"라고

말했다. 나는 그 말에 너무 충격을 받았다. 나는 칼에게 그 일을 시킨 지 3일도 채 되지 않았으며 동물도 준비되지 않았다는 것을 상기시켰다. 칼은 너무 생각할 것이 많아서인지 무엇이든 잘 잊어버리는 경향이 있었다. 그 일만 해도 자신이 언제 그 일을 시켰는지 기억하지 못해서 그랬던 것 같다. 칼은 내게 사과했지만 나는 그 일을 통해 내 자신의 위치가 어딘지 확실히 알 수 있었다.

지금 내 연구실에는 네팔에서 온 학생이 한 명 있다. 이름은 조누(Jonu), 네팔에서 간호사로 일하다 학위를 하러 한국에 온 남편을 따라 단국대까지 왔다가 내 연구실에서 일하게 되었다. 그도 미국에서의 나와 같은 처지다. 내게서 월급을 받고 일한다. 하지만 나는 그 학생을 내 고용인으로 여겨본 적이 없다. 내가 서울대 생리학 교실에서 그렇게 대접을 받은 것처럼 나도 그에게 똑같은 대접을 하려고 애쓴다. 학생으로, 그리고 같은 길을 걷는 동료로 대접하려고 한다. 이러한 대응방식은 한국의 다른 연구자들도 마찬가지일 것이다. 후진국에서 오고 자신의 연구비에서 월급을 받는 처지에 있는 유색인들에게 우리나라의 연구자들은 함부로 대하지 않는다. 그들의 천성인지 아니면 다들 그런 처지에 있어봤던 기억이 있어서인지는 모르지만 연구원을 내 돈을 주고 고용한 사람이란 시선으로 바라보지 않는다. 적어도 내가 아는 연구자들은 그렇다. 하지만 내가 겪었던 칼은 그렇지 않았다. 그것이 미국 사람들의 특징인지 아니면 칼만 그런지는 알 수 없다.

2004년 피츠버그에서의 경험은 내게 큰 상처로 남아 있다. 여러 일이 있었지만 가장 크게 부딪쳤던 사건은 연구비 신청과 관련된 것이었다. 미국 교수들이 연구비를 신청할 때가 되면 실험실 분위기는 매우 달라진다. 교수와 만나는 시간도 줄어들고 감히 곁에 가서 말을 붙일 엄두도 내지 못한다. 미국의 연구비는 우리와 달라서 교수의 지위를 결정지을 수도 있는 무서운 존재다. 한국에서야 대외 연구비를 따지 못하면 실험실 운영이 어려워지긴 하겠지만 자신의 연봉이 깎이거나 교수직에서 쫓겨나지는 않는다. 하지만 미국은 그렇지 않다. 연구비가 없으면 연구원을 부릴 수 없고 실험실을 유지할 수도 없다. 실험을 하지 못하게 되면 논문을 낼 수 없으니 다음에 다시 연구비를 신청할 때 더 어렵게 된다. 교수의 연봉도 연구비와 연동된다. 우리와 달리 연구비의 일정 부분을 연봉으로 쓸 수 있어서 연구비를 많이 받으면 학교에서 주는 월급 이외에 부수입이 생기는 셈이다. 어떤 학교는 교수가 연구비를 계속 받지 못하면 해고하기도 한다. 사정이 이렇다보니 미국 교수들은 연구비를 신청하는 때가 되면 사람이 변한다. 그럴 때는 옆에 얼씬거리지 않는 게 좋다.

2004년 겨울, 칼도 다음 해 연구비 신청을 하느라 자신의 연구실에서 꼼짝하지 않고 있었다. 실험결과를 정리하는데 칼에게서 메일이 왔다. 그동안 했던 실험 중 이번 연구비 신청에 쓸 수 있는 자료를 보내라는 메일이었다. 어느 것을 보내라고 지정까지 했다. 결과를 정리해서 보냈더니 다시 메일이 왔다. 통계를 처리한 방식이 마음에 들지 않으니 특정 기법을 사용해서 다시 분석해 보내란 메일이다. 그 분석방법은 나도 모르는 것이라 인터넷을 찾아 방법을 익히고 새로이 분석해서 보냈다. 그랬더니 이번에는 다른 결과를 원했다. 이런 과정이 계속 반복되었다. 그의 사무실과 내 실험실 사이의 거리는 10m도 되지 않았는데 그는 실험실에 한 번 오지도 않고 계속 메일만 보냈다. 나는 그날 거의 밤 11시가 넘어서야 집으로 갈 수 있었다. 힘들었지만 어쨌든 교수가 원하는 것을 다 도와주었다는 뿌듯함이 있었다.

다음날 아침 실험실에 도착해보니 칼에게서 메일이 새로 도착해 있었다. 뭐 어제 수고했다는 메일일 거라 생각하고 열어보았는데 나는 그만 얼어붙고 말았다. 그 내용을 한 마디로 요약하면 '한국에서 조교수라고 해서 일을 잘할 줄 알았더니 뭐 그 모양이냐?'는 비난이었다. 나는 아무 생각이 나지 않았다. 실험을 시작해야 하는데 의욕이 없었다. 계속 고민을 하다 결국 답장을 보냈다. 나는 그때 내가 보냈던 답장을 아직도 기억한다. "It's a good time to say goodbye. I think I have to quit." 그 외에 그동안 고마웠다는 인사 정도가 더 붙었던 것으로 기억한다. 내 메일에 대한 답장은 오지 않았다. 나중에 전해들은 이야기로는 칼이 내 답장에 무척 놀랐다고 했다. 뭐 이런 일로 그만두겠다고? 이거 뭐야? 이런 반응이었던 것 같다. 미국에서는 상상도 못한 반응을 보인 것에 너무 놀라서 칼은 무슨 말을 해야 할지 몰랐던 것 같다. 이 일은 이후 서로 만나 얘기를 하면서 실험결과를 보내고 받는 데 오해가 있었던 것이 드러나 화해를 하고 끝냈다. 그도 나도 서로 교훈을 얻은 사건이었다.

　내가 네팔에서 온 연구원을 같은 동료의 입장에서 대우하는 것도 그 일 때문이다. 미국식으로 대하고 엄격하게 권리를 행사하는 것이 좋은지 한국식으로 대하는 것이 좋은지 연구자마다 처한 입장에 따라 다를 것이다. 하지만 세월이 가고 내 연구환경이 변해도 나는 연구원을 고용인으로 보지는 못할 것 같다. 연구를 지속시키는 것은 돈이 아니고 열정이며 그 열정에 부채질을 하는 것은 자존심과 자부심이기 때문이다.

이건
누가 생각해냈지?

'위잉' 진동절삭기에 붙은 면도날이 좌우로 빠르게 움직인다. 면도날은 인공척수액으로 가득 찬 용기 바닥에 본드로 고정해둔 뇌를 향해 천천히 접근해 잘라 나가기 시작한다. 면도날이 뇌의 끝부분을 통과하자 진동절삭기는 면도날을 처음 위치로 돌린다. 면도날은 300μm만큼 아래로 내려가 새로이 자를 준비를 한다. 면도날이 다시 움직인다. 300μm 두께의 투명한 뇌 절편이 면도날 위에 올라갔다. 진동절삭기를 멈췄다. 붓으로 면도날 위에 놓인 뇌 절편을 떨어낸다. 뇌 절편은 바닥으로 가라앉는다.

뇌 절편 제작, 실험이 있는 아침이면 늘 하는 준비과정이다. brain slice라고 부른다. 이렇게 만든 뇌 절편에는 신경세포와 신

내 인생의 실험은 아직 끝나지 않았다

경세포 사이의 연결이 온전히 보존되어 있어 신경회로를 연구하는 데 무척 유용하다. 물론 신경세포 하나하나를 독립적으로 연구할 수도 있다.

생리학은 인체의 기능을 연구하는 학문이다. 인체는 여러 개의 시스템으로 구성되어 있고 시스템의 최소 단위는 세포이므로 세포의 기능연구는 생리학의 기본이라고 할 수 있다. 세포를 연구하기 위해서는 세포를 분리해야 한다. 생체에는 적혈구나 백혈구처럼 쉽게 분리할 수 있는 세포도 있지만 대부분은 서로서로 연결되어 하나의 조직을 이루고 있는 경우가 많다. 그래서 세포를 분리하려면 특수한 방법을 사용해야 한다. 내가 학위과정 중에 지겨울 정도로 많이 분리했던 위장 평활근세포는 위 평활근을 잘게 자른 뒤 세포와 세포를 잡고 있는 결체조직을 녹이는 효소를 처리하여 분리한다. 심장근세포도 신경세포도 이와 비슷한 방법을 사용한다.

신경세포는 모양이 특이하다. 핵이 있는 부위는 다른 세포와 비슷하게 생겼지만 주위 신경세포로부터 자극을 받아들이기 위한 가지(가지돌기: dendrite)가 많이 뻗쳐 있고 다른 신경세포에게 자극을 전달하기 위한 촉수(축삭: axon)도 길게 뻗어 있다. 축삭이 긴 것은 1m 이상 되는 것도 있다. 생김새가 이렇다보니 신경세포 하나를 효소처리해서 온전하게 분리하기란 쉬운 일이 아니다. 효소처리 마지막 과정은 기계적 자극을 가해 세포와 세포를 분리시켜야 하는데 이 과정에서 축삭이나 가지돌기가 손상되기 때문이다. 신경세포 하나를 온전하게 분리할 수 있다고 해서 성공적인 실험이 보장되는 것은 아니다. 신경세포는 혼자 있을 때보다 다른 세포와 함께 있을 때 생리적인 의미가 있기 때문이다. 신경회로라는 단어가 있는 것을 생각하면 쉽게 이해할 수 있다. 뇌 절편은 이런 특성을 갖는 신경회로 연구에 가장 적합한 방법 중 하나다.

뇌 절편은 얇아야 한다. 그래야 현미경을 통해 세포를 관찰할 수 있다. 내가 사용하는 뇌 절편의 두께는 $300\mu m$ 정도로 그리 얇다고 할 수는 없지만 세포를 관찰하고 실험을 하는 데 전혀 문제가 없다. 유리전극을 사용해서 깊숙이 파묻혀 있는 세포에 접근하는 것도 문제없다. 신경조직은 매우 부드럽기 때문에 압력을 가하면 조직을 밀어낼 수 있기 때문이다. 아마 다른 장기라면 불가능했을 것이다. 뇌 절편을 처음 보았을 때 나는 정말 어떻게 이런 절편을 만들 생각을 했을까 하고 경탄해 마지않았다. 확인하긴 어렵지만 요즘 사용하는 형태의 뇌 절편을 처음 시도한 사람은 일본인 학자라는 설이 있다. 뇌 절편 위로 사시미의 이미지가 겹쳐지는 듯하다.

이 분야의 일을 하다보면 '정말 이건 누구 아이디어야?' 하는 발견이나 기법과 마주치게 된다. 심장근세포의 수축을 측정하는 기술도 그중 하나다. 심장근세포를 분리하여 조건을 잘 맞춰주면 수축시킬 수 있다. 가만히 들여다보고 있으면 정말 신기할 정도다. 더 신기한 것은 이 작은 세포의 수축을 측정할 수 있다는 것이다. 원리는 간단하다. 세포 양 끝에 가는 탄소섬유를 올려놓고 세포가 수축할 때 탄소섬유가 휘는 정도를 측정하면 탄소섬유의 탄성계수, 움직인 거리 등을 이용하여 수축력을 구할 수 있다. 탄소 섬유가 움직이는 양상을 실시간으로 추적하면 수축곡선을 그릴 수도 있다. 이 정도면 수축연구의 절정이라 말할 수도 있을 것 같은데 이것도 만족하지 못하는 사람들은 수축단백질만 분리해서 수축실험을 하는 상상불허의 '짓'도 서슴지 않는다.

1997년 러시아 상트페테르부르크에서 열린 세계생리학회에 갔을 때 어느 일본인 학자가 세포에 있는 특정 수용체의 개폐 모델을 컴퓨터로 시뮬레이션해서 발표하는 것을 들었다. 컴퓨터 시뮬레이션이란 디지털 애니메이션을 만들듯 프로그래밍 언어를 이용하여 모델의 동작을 보여주는 것이다. 이 작업은 프로그래밍 언어를 잘 알면 해낼 수 있다. 하지만 이 작업은 그 이상을 요구한다. 수용체가 각 조건에서 어떤 상태로 있는지에 대한 자료가 모두 있어야만 가능하기 때문이다. 그런 자료를 구하려면 수용체를 분리하고 단백질 구조를 분석하고 그에 대한 사진을 찍어야 한다. 사진을 찍는 것도 단순히 카메라를 들이대고 셔터를 누르는 것과는 차원이 다르다. 눈에 보이지 않는 단백질 구조를 일반 카메라로 찍을 수는 없는 노릇이다. 단백질의 결정을 만들어 이를 X선 등을 이용하여 촬영한 후 촬영된 그림자를 가지고 결정의 형태를 재구성하는 과정을 거쳐야 한다. 수용체의 열리고 닫히는 상태에 따라 단백질 결정의 형태도 달라질 것이다. 이 모든 과정을 담아 마치 만화영화처럼 매끈하게 이어지는 동영상을 만드는 것은 엄청난 작업을 필요로 한다.

일본인 교수는 컴퓨터 시뮬레이션 말미에 수용체의 상태변화를 학생들의 몸짓으로 나타내는 짧은 동영상도 함께 공개했다. 그 동영상에는 반바지 차림의 학생 서너 명이 수용체가 열리고 닫히는 모양을 나타내기 위해 간격을 좁혔다 늘렸다를 반복하며 춤을 추고 있었다. 그 춤은 단순히 수용체의 개폐를 나타내는 것은 아니었다. 그것은 힘든 실험을 마친 당사자들의 한풀이 같은 인상을 주었다. 그 당시 조교였던 나는 그 학생들의 춤에서 그 실험이 얼마나 어려웠나를 읽을 수 있었다.

'이건 누가 생각해냈지?'라고 경탄할 실험은 어느 천재의 반짝 아이디어에서 출발했거나 오랜 연구 끝에 얻은 결과일 수 있다. 그 둘은 다소 차이가 있긴 하지만 공통점은 하나다. 해보지 않았다면 얻을 수 없었을 거란 점이다. 그런 실험들은 한 번만에 성공하는 경우도 있지만 대부분 엄청난 집중과 연마, 새로운 시도를 통해야만 성공할 수 있다. 예전에 한국을 방문한 노벨상 수상자 버트 자크만(Bert Sakmann)의 강연에서 그는 신경세포 하나를 완벽하게 재현해 보이고 각 부분에서의 반응을 자세하게 설명했다. 무척 재미없어 보이는 실험이었지만 신경을 연구하는 사람들에겐 무척 유용한 강의가 틀림없었다. 그때 내 옆에 있던 선배는 "저 선생 연구실에서는 항상 저런 실험만 해. 그래서 저 실험실에는 다들 가려고 하질 않아"라고 했다. 실행하지 않는 한 아이디어는 아이디어에 그치고 만다. 생각만으로 이룰 수 있는 실험은 없다.

사람들은 다 똑같다고 해도 남달리 아이디어가 반짝이는 사람이 분명히 있다. 그 아이디어들을 묻어두지 않고 실행한 사람들은 소위 대가라는 소리를 듣는다. 물론 그렇게 되려면 누군가 그 일을 도와주는 사람들이 있어야 한다. 연구원, 조교, 학생들이 바로 그들이다. 나는 아직 이건 누가 했지? 하는 소리를 듣는 위치에 있지 않다. 대가들이 만든 틀을 이용해서 재미있는 연구결과를 발표한 적은 있었지만 사람들의 경탄을 이끌어낼 정도는 아니었다. 좋은 아이디어가 있어도 그걸 도와줄 뛰어난 연구원이 있는 것도 아니다. 한정된 연구비의 틀에서 내가 운용할 수 있는 학생 수는 한 명, 많아야 두 명 정도가 고작이다. 그렇다고 여기서 연구비 타령 학생 타령을 하려는 건 아니다. 어려운 환경에서 꿈을 이뤘던 노벨상 수상자도 있기 때문이다.

시모무라 오사무, 그는 녹색형광단백(Green fluorescent protein)을 발견한 공로로 2008년 노벨화학상을 받았다. 그는 해파리에서 이 단백질을 찾기 위해 19년간 미국 서부해안에서 85만 마리 이상의 해파리를 잡았다. 해파리 사냥을 위해 자동차로 편도 5,000km를 달렸고 가족의 도움을 받아 해파리를 잡았다. 한 차례의 연구에 필요한 형광단백질 100~200mg을 얻기 위해 한 해 여름에 약 5만 마리씩 해파리를 잡아야 했다고 전한다. 어느 할머니가 "당신은 그걸 어떻게 요리해 먹느냐"고 질문했을 때 "요리 같은 거 안 합니다"라고 답하자 할머니는 "그럼 그걸 '생'으로 먹는다고요?"라며 얼굴을 찌푸리곤 자리를 떴다는 얘기는 널리 알려진 전설이다.

시모무라 오사무 교수는 나보다 더 열악한 환경에서 연구를 했다고 할 수 있다. 그가 보인 연구에 대한 열정은 연구비나 학생 타령을 하는 내 자신을 부끄럽게 만든다. 그가 국내 일간지와의 인터뷰에서 강조한 것은 이해할 수 없는 현상에 대한 호기심과 노력이었다. 호기심과 노력은 가장 근본적인 처방이지만 그걸 제대로 하기란 쉬운 일이 아니다. '이건 누가 했어?'라는 얘기를 듣기 위해 내게 가장 필요한 건 바로 그것들이다.

Dear Dr. Ahn

다음은 내가 최근에 논문을 제출한 《저널 오브 뉴로사이언스 (Journal of Neuroscience)》의 편집국에서 보내온 편지 내용 중 일부이다.

Dear Dr. Ahn,

I am sorry to report that we are unable to publish your paper. Space limitations allow us to publish only a minority of the manuscripts we receive. Accordingly, we are only able to accept papers that are judged to be both scientifically excellent and of particularly broad interest and significance.

You should understand that our decision was not based on the quality of the science represented in the paper. Because we have to reject a large majority of the papers that we receive, we often make prompt editorial decisions when we think that The Journal is really not the right place for a particular paper.

독자들의 편의를 위해 내용을 옮기자면 다음과 같다.

안 박사님께

보내주신 논문을 출간하지 않기로 결정했음을 알려드리게 되어 유감입니다. 잡지 분량에 한계가 있어 우리가 받는 논문 중 아주 일부만 출간할 수밖에 없습니다. 따라서 우리는 과학적으로 훌륭하면서도 많은 사람들이 관심을 가질 만한 논문만 받고 있습니다.

귀하의 논문이 과학적 수준이 낮아서 떨어진 것이 아님을 이해해 주시기 바랍니다. 우리는 우리가 받은 많은 논문들을 거절해야 하기 때문에 우리 저널이 특정 논문과 맞지 않는다고 생각하는 경우 편집국 차원에서 빠른 결정을 내리곤 합니다.

논문을 쓰고 해외 저널에 투고하면 심사를 받아야 한다. 인터넷을 열면 먼저 어떻게 결정이 됐는지 그것부터 찾아본다. 우편으로 논문을 투고하면 약 두 달이 지나서 결정문이 담긴 편지가 날아오곤 했다. 그때까지는 늘 좌불안석이다. 지금은 해외 저널마다 인터넷을 통해 심사가 진행되는 것을 실시간으로 알려주기 때문에 결과가 언제쯤 나올지 정도는 쉽게 알 수 있지만 그렇다고 해서 불안감이 덜해지는 것은 아니다.

앞의 결정문은 《저널 오브 뉴로사이언스》에 보낸 지 이틀 만에 받은 것이다. 이 학술지는 신경과학 분야에서 꽤 이름이 있는 학술지이지만 (보통 impact factor라는 값으로 학술지를 평가하곤 하는데 이 값이 클수록 유명한 잡지라는 뜻이다.) 2008년에도 한 번 논문을 실은 경험이 있었고 이번 논문도 내 생각에는 매우 중요한 결과를 담고 있어서 실릴 것으로 자신했는데 투고한 지 이틀 만에 딱지를 맞고 말았다.

결정문은 매우 정중하다. 내용을 보면 내가 뭘 잘못했는지 파악하기가 어렵다. 심지어 논문이 매우 좋은데 안타깝게 되었다는 식으로 보이기까지 한다. 하지만 대부분의 거절편지에는 일정한 양식이 있다. '분량에 한계가 있어~' 운운도 대부분 학술지에서 쓰는 통상적 구문임은 알려진 비밀에 해당한다. 국내 학자 중 분량에 한계가 있다는 말에 그럼 다음 호에 게재가 가능하냐는 답장을 보냈다가 미사여구 하나 보태지 않은 거절편지를 다시 받고 머쓱했다는 이야기도 있다. 편지에 따르면 내 논문은 과학적으로 훌륭한 동시에 많은 사람들이 관심도 가지는 그런 논문은 아니라는 뜻이다. 그러나 이건 말이 안 된다. 과학적으로 중요한 논문이 대중의 (학자들의) 관심을 받지 못할 이유가 없기 때문이다. 해외 학술지가 자신의 몸값을 유지하기 위해 투고된 논문의 일정 비율만큼 의무적으로 떨어뜨리는 것은 사실이다. SCI급 학술지를 평가할 때 투고한 논문을 얼마나 떨어뜨리느냐는 것도 기준이 되기 때문이다. 하지만 떨어지는 논문은 그들이 보기에 좋지 않은 논문일 뿐, 좋은 논문이 떨어지는 일은 별로 없다.

나는 1995년에 이런 편지를 처음 받았을 때 내 논문의 질은 문제가 없는데 심사위원간의 의견이 맞지 않아 안타깝게 떨어진 것으로만 생각했었다. 어떤 식으로 포장했는가는 중요하지 않다. 떨어진 것은 그들의 기준에 맞지 않기 때문이다. 달리 말하면 그들 눈에는 내 논문이 별로였다는 뜻이다. 하지만 어느 학술지에서 논문이 떨어졌다고 해서 꼭 나쁜 논문이란 뜻은 아니다. 학술지 중의 최고봉이라 불리는 CNS(cell, nature, science)에 실리는 논문과 작지만 의미 있는 발견을 주로 싣는 《뉴로사이언스 레터스(Neuroscience letters)》 같은 학술지에 실리는 논문이 다른 것은 당연한 일이기 때문이다.

이 '짓'을 시작한 지도 벌써 20년이 다 되어간다. 지금은 한국 학자들이 해외 학술지에 논문을 싣는 일이 흔해졌지만 내가 처음 논문을 해외 학술지에 투고한 95년도만 해도 서울대 생리학 교실 선생님들조차 해외 학술지에 논문을 쉽게 발표하지 못했다. 당시엔 3.5인치 플로피 디스켓에 논문파일을 담고 논문을 출력해서 함께 국제우편으로 보냈다. 논문을 보내는 날은 보낸 논문이 별 문제없이 통과되길 기원하는 의미에서 투고자가 연구원들에게 밥을 사곤 했다. 해외 학술지에 논문을 발표하는 것이 얼마나 어려웠는지를 잘 보여주는 사례라 할 수 있다.

95년 이후 지금까지 국내의 학자들이 해외에 논문을 발표하는 실적은 비약적으로 발전했다. 유학생 수의 증가와 국내의 연구환경이 좋아진 것이 이유이다. 하지만 아직도 해외 학술지에 논문을 발표하는 것은 사실 여전히 어렵다. 눈으로 보이지도 않고 증명하기도 어려운 벽이 여전히 존재하기 때문이다. 외국의 유명한 학자들은 우리 같은 무명 학자들에 비해 논문을 발표하기 쉬운 편이다. 그들의 연구실이나 논문, 그 학자의 실력이 이미 검증을 받았기 때문이기도 하고 다른 학자들과 돈독한 유대관계를 유지하고 있기 때문이기도 하다. 박사 후 연수를 할 때 들었던 얘기인데 유명 학자들 중 일부는 논문을 보낸 후 심사위원이 다소 부정적으로 평가를 하면 곧장 전화해서 설명을 한다고 했다.

이런 통로를 가질 수 있다는 것은 분명 특권이다. 논문을 보냈을 때 심사위원이 바로 거절하지 않고 재심사를 하겠다고 통보하는 경우가 많다. 이러이러한 점을 수정하거나 자료를 보강하거나 적절히 설명할 수 있으면 다시 심사를 해서 논문을 실어주겠다는 의미다. 심사위원이 누군지 모르니 이런 통보가 오면 심사위원의 의견을 최대한 존중해서 하라는 대로 할 수밖에 없다. 하지만 심사위원을 잘 알고 있는 경우라면 얘기가 달라진다. 전화를 해서 이 결과는 이러이러한데 어떤 사정이 있어서 실험을 보충하기 어렵고 이 부분은 이런 의미로 썼는데 오해한 것 같다는 식의 얘기를 전달할 수 있기 때문이다. 잘 알고 있는 사람의 전화를 받으면 심사위원도 학자이기 이전에 사람인데 매몰차게 끊기가 어려운 게 사실이다. 학술지 편집위원을 잘 알고 있는 것은 동서양을 막론하고 아주 강력한 무기다. 한국에서라면 나도 그런 지위를 이용한 경험이 있다. 논문을 부당하게 실어달라는 청탁을 했다는 뜻이 아니다. 보고가 급했기 때문에 논문심사를 빨리 해달라는 부탁을 한 적이 있다. 이러한 부탁도 어떤 의미에서는 압력으로 작용할 수 있다는 것을 나도 부인하진 않는다.

한국 학자들의 논문이 늘어나고 나라의 위상이 올라감에 따라 외국 학계에서 한국 학자들을 보는 눈이 많이 바뀐 게 사실이다. 하지만 아직도 한국을 영어를 잘 못하는 학자들이 있는 변방의 약소국으로 보는 눈도 여전히 존재한다. 예전에 파키스탄의 학자들이 대한생리학회에 논문을 투고한 적이 있었다. 그 논문을 내가 심사하게 되었는데 논문을 보기 이전에 파키스탄에서 제대로 된 논문이 왔겠냐는 생각이 먼저 들었다. 내 논문을 심사하는 외국의 학자들이 한국에 대해 좋지 않은 이미지를 가지고 있다면 그들도 동일한 생각을 할 것이다. 선입견에 편견을 더해 논문을 보면 없는 단점도 찾아내기 마련이다.

지금 내가 가진 작은 꿈 중엔 세계적으로 유명한 학술지의 편집인이 되는 일도 포함되어 있다. 그날이 오면 나도 "Dear Dr."로 시작하는 편지를 쓰게 될 것이다. 그 편지를 다 쓰고 나면 아마 비서에게서 영문 교정을 받아야 할지도 모른다는 게 마음에 조금 걸리긴 한다.

쥐

놈이 보인다. 벽과 기계 사이의 좁은 공간에서 놈이 웅크리고 나를 노려보고 있다. 막대기를 쥔 손에는 땀이 흥건히 고인다. 이제 조금만 더 밀어 넣으면 막대기가 닿을 것도 같다. 빨간 눈이 보인다. 막대기로 눈과 눈 사이를 겨냥한다. 찍 소리와 함께 쥐가 나를 향해 달려온다. 입구를 막고 있는 내가 물러서면 어디로 갈지 모른다. 막대기가 사정없이 허공을 갈랐다. 손끝에 둔탁한 느낌이 전해온다. 쥐는 내 앞에서 쓰러진다.

외부에서 들어온 쥐를 잡는 일이다. 올해(2006년) 벌써 세 번째다. 잊을 만하면 다시 반복된다. 의대에 하나 있는 동물실은 지금은 완전히 보수되어 그런 일이 없지만 2006년만 해도 알 수 없는 통로를 통해 야생의 들쥐들이 사료를 훔쳐먹기 위해 제 집처럼 드나들었다. 쥐들이 있는 방은 문이 달려 있어 드나들기 쉽지 않지만 쥐들은 벽을 뚫고 문을 갉아먹은 후 자유롭게 드나들었다. 아침에 가보면 실험용 쥐들이 담긴 상자 뒤로 먹이가 흩어져 있고 구석에는 들쥐들의 배설물이 가득 쌓여 있었다. 구멍이 뚫린 문에 함석을 덧대거나 벽을 벽돌로 막아도 소용없었다. 쥐들은 새로 구멍을 뚫거나 천장을 타고 드나들었다. 내가 할 수 있는 일이라곤 고작 구멍으로 만신창이가 된 벽에 철망이나 쇠판을 덧대는 것뿐이었다.

나는 쥐가 징그럽다. 연구자들 중에는 쥐를 애완용으로 키우는 사람도 있지만 하얀 털에 빨간 눈을 하고 있는 쥐를 볼 때마다 나는 소름이 돋는다. 가장 징그러운 부분은 꼬리다. 실험용 쥐의 꼬리는 시궁쥐에서 보는 까맣고 가는 꼬리가 아니다. 털도 없는 손가락 굵기의 꼬리를 잡고 쥐를 들어올릴 때마다 손끝에 전해져오는 무게와 꼬리의 촉감은 시간이 지나도 익숙해지지 않는다.

쥐벼룩은 내가 쥐를 싫어하는 또 다른 이유다. 보수를 하기 전, 동물실에 갈 때 나는 쥐벼룩이 겁나서 항상 장화를 신었다. 동물실에 갔다올 때마다 가려움증이 도지곤 해서 심증이 가지만 한국에서 쥐벼룩을 실제로 눈으로 확인한 적은 없다. 사실 정체 모를 피부병에 시달렸던 것은 미국에서였다. 미국의 실험동물실 환경이 나빠서 그랬던 것은 아니다. 미국의 실험동물실은 상당히 좋다. 실험동물에 대한 규정들도 매우 까다롭다. 습도, 온도, 한 상자 안에서 키울 수 있는 개체 수, 환기, 위생 등 모든 것에 대한 규정이 있다. 실험동물을 키우는 부서가 따로 있고 인력도 충분하며 힘도 세다. 실험실을 운영하는 교수들도 그들 앞에선 쩔쩔 맨다. 실험동물에 문제가 있어 동물의 반출을 금하면 실험을 할 수 없기 때문이다.

실험동물실을 출입하기 위해선 일정한 교육을 받아야 하며 (요즘은 한국도 그렇게 한다.) 지정된 문과 통로만 이용해야 하고 덧신과 방호복 모자, 마스크의 착용은 필수다. 방호복은 종이로 만든 것으로 평상시에는 실험복 위에 걸치는 정도이지만 동물실에 특정한 병균이 돈다고 판단되면 몸을 완전히 덮는 형태의 것으로 바뀐다. 그런데 그런 환경을 가진 동물실에서 쥐벼룩에 의한 것으로 추정되는 피부병에 시달렸다는 것은 아이러니다. 한국에서 동물실에 갔다올 때마다 느꼈던 가려움증은 미국에서 얻은 상흔에 심리적인 요소가 더해져 발생한 것이다. 사실 쥐벼룩은 쥐를 잘 못키우는 사람들 때문에 생기는 것이니 쥐를 비난하긴 어렵다. 그런데도 나는 쥐만 보면 신경질이 난다.

나는 쥐가 무섭다. 사실 내가 쥐를 무서워해야 할 이유가 없다. 쥐는 나에 비하면 매우 작다. 무서워해야 한다면 그건 내가 아니라 쥐여야 한다. 실제로 쥐들은 사람이 상자 뚜껑을 열면 몸부터 숨기기 바쁘다. 새끼들이 있어도 마찬가지다. 새끼의 안위는 안중에도 없다는 듯 사람이 나타나면 새끼는 나 몰라라 자기 한 몸 숨기기 바쁘다. 사람이 떠난 뒤에야 새끼들을 하나하나 물어 자기

가까이 끌고 온다. 미국에서 딱 한 번, 새끼를 가져가기 위해 상자를 열었다가 어미가 공격한 적은 있지만 그때 외에 내게 용감하게 도전했던 어미 쥐는 한 마리도 만난 적이 없다. 머리로는 쥐를 무서워해야 할 이유가 없다는 것을 알면서도 몸은 따라주지 않는다. 미국에서 처음 어미 쥐로부터 새끼 쥐를 꺼내야 했을 때는 이마에 흐른 땀 때문에 안경을 다시 닦아야 했었다.

　이런 내게 나이든 쥐를 처리하는 일은 고문과 같다. 쥐를 키우다보면 때로 나이가 너무 많아져서 제거해야 하는 경우가 생긴다. 우리 안에 있으면서 먹이만 먹고 운동을 못해 살이 뒤룩뒤룩한 쥐는 그 크기가 어른 팔뚝만하다. 용기 안에 가두고 이산화탄소를 주입해서 죽이거나 마취제를 과량 주사해서 죽일 수도 있지만 손을 대기가 싫다. 이럴 경우 냉동고에 그냥 넣기도 한다. 저체온은 마취를 유발하는 측면도 있어 어떻게 보면 오히려 쥐를 위한 것일 수도 있다. 확실히 죽이지 않을 땐 가끔 사고가 난다. 언젠가 사체 보관용 냉동고가 고장이 난 적이 있었다. 우연히 냉동고가 고장 난 것을 발견하고 들어갔던 그 방에는 글로는 도저히 묘사하기 어려운 참상이 펼쳐져 있었다. 냉동고에서는 사체 썩는 물이 뚝뚝 떨어지고 있었고 밀폐된 방에서는 역한 냄새가 진동했다. 냉동고 위쪽 문을 열어보았을 때 나는 내 눈을 의심했다. 쥐 한 마리가 살아서 사체를 먹으며 연명하고 있었기 때문이었다. 나는 그날 그 쥐를 잡느라 그 밀폐된 방에서 역한 냄새를 맡으며 사투를 벌였다. 그 일이 있고 난 후 나는 쥐를 더 '미워'하게 되었다.

미워한다는 말은 뭔가? 징그럽다거나 무섭다는 표현은 그럴 수 있다 해도 미워한다니? 정말 이치에 맞지 않는 말이다. 그놈들이 내게 뭘 잘못했기에 내가 미워한단 말인가? 그들을 잡아 가두고 실험에 쓰고 사체를 먹으며 연명하도록 만든 것도 모두 사람들인데 그들이 뭘 잘못했기에 내가 미워한단 말인가? 어렸을 때 학교 숙제로 쥐꼬리를 모아 가야 했던 일, 혹은 내가 귀여워했던 고양이 나비가 쥐약을 먹고 죽었기 때문도 아니다. 프로이트의 정신분석을 신봉하는 사람이라면 몰라도 내겐 아무 의미 없는 일들일 뿐이다. 그렇다면 대체 무엇 때문에 나는 쥐를 미워한단 말인가?

나는 미국에 가서 쥐를 처음 실험동물로 사용했었다. 좀 더 정확하게 표현하자면 쥐의 갓 태어난 새끼였다. 갓 태어난 새끼는 손가락 두 마디 정도의 길이에 털은 하나도 없는 벌거숭이의 모습이다. 난 그 새끼들을 처음 봤을 때 차마 죽일 수 없어 위선인줄 뻔히 알면서도 새끼들이 어미젖을 좀 더 먹도록 내버려두었다. 신경계의 발달을 연구하는 실험실이었으므로 하루하루가 중요했던 터라 미국 교수는 내게 왜 빨리 잡지 않느냐고 재촉했고 내가 새끼들이 어미젖을 좀 더 먹은 후 잡겠다고 대답하자 나를 이상하다는 듯 바라봤던 일이 기억난다. 그렇다고 내가 그 새끼들에게 더 자비로웠느냐면 그것도 아니다. 어차피 죽여야 하는 대상인데 자비는 무슨 얼어 죽을 자비인가? 오히려 나는 새끼들을 죽여야 할 때 분노가 치밀어 올랐다. 아무런 저항도 못 하고 내 손에서 칼날을 기다리고 있는 새끼들을 보면 너무 화가 났다. 차라리 내게 덤

내 인생의 실험은 아직 끝나지 않았다

벼들던지 내 손가락을 물기라도 하면 마음이 편할 텐데 그놈들은 너무 어렸다. 사실 보기도 싫었다. 기껏 죽여서 실험을 했는데 결과를 못 얻는 날은 그 화가 더 심했다.

따지고 보면 내가 쥐를 미워하는 이유의 근원에는 연민이 숨어 있는 듯하지만 그것만으로 설명하기란 너무 어렵다. 앞으로도 내가 발달신경생리학을 계속 전공하는 한 쥐에 대한 도리 없는 미움을 벗어나기란 쉬울 것 같지 않다. 시작하지 않았다면 좋았을 것을 하는 생각도 든다. 하지만 어찌할 것인가. 실험대상을 바꾼다고 마음이 편해지지는 않을 것 같으니 말이다. 이건 직업병이다.

연구란

소아과 수업 때 교수님께서 이런 말씀을 하셨다. "내가 치료한 애가 나중에 어른이 되어 큰 인물이 된다고 생각해봐. 그것보다 보람 있는 일이 어디 있어?" 그런 식의 논리라면 예외가 될 과가 별로 없겠지만 나는 그 교수님의 얼굴에서 빛나는 자긍심을 발견하곤 그 주장을 순순히 받아들였다.

개업가에서 소아과는 일종의 구멍가게로 통한다. 동네에 있는 소아과들을 가보면 그 말이 무슨 말인지 금방 이해가 간다. 진료 대기실에 있는 환자들 대부분은 감기 환자다. 감기 환자는 의료수가가 낮기 때문에 병원을 유지하려면 엄청난 수의 환자를 봐야 한다. 게다가 감기 환자는 소아과에서만 보는 게 아니다. 이비인후과와의 경쟁도 치열하다. 우리 동네에선 소아과보다 이비인후과에 더 많은 아이들이 몰린다. 소아과와 이비인후과가 붙어 있는 경우 '아이들 진료는 소아과에서 더 잘 봅니다' 식의 낯 뜨거운 문구가 출입문에 붙기도 한다. 그러다보니 밤 9시까지 진료를 하는 병원도 많고 휴일도 거의 없다. 그렇다고 일이 재미가 있느냐 하면 그런 것 같지도 않다. 간단한 질문과 함께 목 한 번 들여다보고 귀 한 번 본 후 배와 가슴을 청진하고 촉진하면 끝이다. 쓰는 약도 거의 천편일률적이다. 아이와 자주 병원에 오는 부모들은 의사가 무슨 약을 쓰는지 거의 다 안다. 부모들이 처방전을 발행할 수 있으면 그날이 바로 소아과가 망하는 날이다.

대학병원은 다르다. 의료수가가 여전히 낮긴 하지만 소아과는 정말 그 교수님 말대로 보람 있는 과임엔 틀림없다. 신생아 중환자실에만 가도 그 말씀을 충분히 이해할 수 있다. 신생아 중환자실 인큐베이터에는 대부분 조산아들이 누워 있다. 그들 중에는 몸무게가 한 근이 안 나가는 아기들도 있다. 그렇게 조그만 아기들을 살리는 것은 100% 정성이다. 얼마의 오줌과 똥을 누는지 정확하게 측정하고 수액을 얼마나 투여해야 하는지 정하는 일, 피부에 문제는 없는지 혈액 수치는 정상인지 시간마다 측정하고 돌보는 일, 그 모든 게 정성이다. 정상적으로 태어난 아기 하나 돌보는 것도 어려운데 하물며 비정상적으로 태어난 아기라니. 아이들이 무사히 인큐베이터를 벗어나 부모의 품으로 돌아가는 그날, 부모의 벅찬 감격은 이루 말로 표현하기 어렵다. 의료진의 기쁨도 두말할 필요 없다. 심장병을 앓는 소아들은 또 어떤가? 쉽게 걷지도 못하던 아이가 수술을 받은 후 편안한 표정으로 의사들 앞에 설 때 의사가 느끼는 즐거움은 돈으로 환산하기 어렵다. 대학병원의 소아과 의사들 나는 그들이 부럽다.

생리학을 전공하는 나는 이런 기쁨을 맛볼 기회가 없다. 학생들을 가르치고 연구를 하는 일이 나의 본업이다. 강의와 연구 모두 귀중한 일이긴 하지만 생명을 직접 구하는 경험과 비길 바 아니다. 내 일이 보람을 맛보기 어렵다거나 기쁨을 가져다주지 못한다는 뜻은 아니다. 단지 그 색채와 효과가 옅을 뿐이다.

학생들을 가르치는 일은 매우 중요하다. 생리학은 의학의 기초이므로 의학도들의 기본 자질을 위해서 필수불가결한 학문이기도 하다. 강의가 중요하다고 해서 나의 기쁨이 되는 것은 아니다. 처음 강의를 할 때는 강의를 한다는 사실만으로도 기쁠 수 있지만 시간이 지나면 그렇지 않다. 게다가 의학은 상당히 보수적인 학문이어서 교과서의 내용이 바뀌려면 꽤 긴 시간이 걸리고 교과서가 새로 바뀌기 전에는 같은 내용을 매년 강의해야 하는 괴로움도 있다. 물론 의학지식이 비약적으로 발전하기 때문에 새로운 내용을 매년 추가할 수도 있지만 이미 정립된 내용을 한정된 시간 안에 학생들에게 전달하는 것만으로도 이미 상당히 버겁다.

가르치는 일에 보람을 느낄 때는 내게 배운 학생들이 의사가 되어 내 앞에 섰을 때이다. 언젠가 분당 서울대 병원 소아과에 아이 때문에 갔을 때 담당교수인 여선생이 아이의 진료가 끝나고 내가 방에 들어갔을 때 자리에서 벌떡 일어나 내게 인사했던 적이 있다. 나도 얼굴을 알고 있는 선생이었는데 그의 말에 따르면 자신이 본과 1학년 학생이었을 때 내가 생리학 실습 조교로 들어왔다는 것이었다. 선후배 관계가 엄격한 의대이기에 겨우 조교라 해도 본과 1학년 학생에게는 무척 어려운 존재였던 것 같다. 밖에서 이런 식의 인사를 받으면 매우 당황스럽긴 하지만 덕분에 그날 나는 아이에게서 점수를 좀 땄다. 내가 단국대에 온 지 겨우 10년이 지났을 뿐이어서 내게 배운 학생들 중 아직 어느 누구도 단국대 밖에서 정식으로 자리를 잡지 못했다. 세월이 더 흐르면 그들 중에도 나를 환자로 맞았을 때 매우 어려워하며 예를 갖추는 사람이 나올지 모른다. 가르치는 일 자체를 즐기지 못하고 잿밥에나 관심이 있는 듯하여 드러내어 얘기하긴 어렵지만 시골 훈장이 그 정도의 호사를 누리지 말란 법도 없지 않은가.

연구는 가르치는 일보다는 재미있다. 어떤 현상에 대해서 나름대로 가설을 세우고 그 가설을 입증하기 위해 이러저러한 방법을 궁리하는 일은 생각보다 재미있다. 고생고생해서 결과를 얻었더니 내 생각과 꼭 같을 때, 어렵게 쓴 논문이 받아들여졌을 때, 한동안 얻지 못한 결과를 하루 만에 다 얻었을 때, 그럴 땐 정말 흥분이 한동안 가라앉지 않는다. 의학 논문 검색 전문 포털인 Pubmed에 내 이름 이니셜을 넣을 때 검색되는 논문들을 보면 뿌듯하기도 하다. 하지만 거기까지다. 좋은 결과를 얻고 좋은 논문을 썼을 때의 기쁨은 그리 오래가지 않는다. 기쁨이 작아서가 아니다. 연구가 끝나면 내 앞엔 새로운 연구가 놓이고 나는 또 결과를 얻기 위해 분투해야 한다. 기쁨이 오래가지 않는 것이 아니라 오래 누릴 수 없다는 뜻이다.

연구를 할 때 나를 가장 옥죄는 것은 연구비다. 한국의 연구비 시스템은 돈을 받은 후엔 어떻게든 갚아야 하는 구조다. 돈으로 갚는다는 뜻은 아니다. 연구의 결과물, 즉 논문이나 특허 등으로 갚아야 한다는 뜻이다. 연구비를 받고 제대로 된 논문을 내지 못하거나 늦게 내거나 지명도가 떨어지는 학회지에 논문을 싣는 경우 그 결과는 참혹하다. 다시 연구비를 신청했을 때 받지 못할 확률이 그만큼 올라가게 된다. 다년 연구일 경우 매년 적어도 한 편의 논문을 발표해야만 다음에 다시 연구비를 받을 가능성이 커진다. 하나의 연구를 끝내고 좋은 논문을 발표한 뒤에도 그 기쁨을 계속 누릴 수 없는 이유가 여기에 있다. 연구비를 받아가며 연구를 하는 것은 마치 자전거를 타는 것과 같다. 세우면 쓰러진다. 이러다보면 내가 연구를 위해 연구를 하는 건지 연구비를 위해 연구를 하는 건지 모르게 된다.

연구비 말고 나를 우울하게 만드는 건 논문이다. 조교시절, 첫 논문이 서울의대 학술지에 실렸을 때 어느 선생님이 "그렇고 그런 논문을 또 하나 만들었구만 그래?"라고 말씀하셨다. 석사 1년차에 논문을 썼다는 사실에 우쭐해 있던 내게 그 말씀은 꽤 충격적으로 다가왔다. 하지만 그 선생님이 왜 그런 말씀을 하셨는지 지금은 이해할 수 있다. Pubmed에 들어가면 어떤 주제어로 검색을 하건 엄청난 수의 논문과 맞닥뜨리는 것이 현실이기 때문이다. 숱하게 많은 논문 중 하나라고 해서 가치가 없다는 뜻은 아니다. DNA 구조에 관한 왓슨과 크릭의 단 한 페이지짜리 논문은 세상을 바꾸기도 했으니 말이다. 그러나 불행히도 내 논문은 아직 그런 마술을 부려본 적이 없다. 2010년 심혈을 기울여 실험하고 만든 논문이 주요 학회지에서 줄줄이 퇴짜 맞고 영향력 낮은 학회지에 조그맣게 실렸다. 나는 그 논문이 그 이상의 대접을 받아야 한다고 여전히 믿고 있지만 내가 인용한 것 외에는 아직도 그 논문을 남이 인용했다는 소식을 듣지 못했다. 결국 그 논문도 그 선생님 말씀대로 '그렇고 그런' 논문이 되고 말았다.

실험도 나를 힘들게 한다. 하나의 결과를 확인하기 위해서 수십 번의 실험을 반복해야 한다. 그 과정은 몸과 마음을 갉아먹는다. 나는 실험에 전기생리학적 방법을 자주 사용하는데 이 방법을 이용한 실험의 성패는 직경 $1\mu m$ 정도의 유리관 끝을 세포막에 잘 밀착시켜 세포막을 터뜨린 후 유리관 속에 든 용액을 세포에 주입하고 그 상태를 오래도록 잘 유지시키는 데 있다. 94년 가을 석사학위 실험을 하면서 유리관이 세포막에 잘 붙어 있지 않고 도중에 떨어져 나는 한 달 동안 단 한 개의 결과도 얻지 못했다. 내가 쓴 유리관만 수백 개였다. 어둠이 깊어가는 실험실에 혼자 앉아 계속 유리관을 만들고 실패하고를 반복했는데 그땐 정말 미치는 줄 알았다. 요즘은 이 정도로 어렵게 실험을 하지는 않지만 정도의 차이가 있을 뿐이다. 쉽게 쓰는 논문은 하나도 없다. 그런데도 내 논문이 그렇고 그런 논문으로 취급된다는 건 슬픈 일이다.

연구비와 실험, 그리고 논문이 실린 학회지로 평가받는 나의 논문이 나를 힘들게 하지만 실험과 논문과 연구는 내가 사는 방식이다. 연구비가 없어도 실험이 힘들어도 늘 새로운 결과를 보면 마음이 설렌다. 논문을 마무리하며 더 이상 논문을 쓰는 일이 없었으면 하는 생각이 들다가도 얼마 지나지 않아 새로운 논문을 쓰는 자신을 발견하는 것도 이제는 몸에 익었다. 논문을 싣고 연구를 마무리했을 때의 짧고 나른한 기쁨은 그 일상에 대한 조그만 보상이다.

나는 연구라는 단어를 들으면 석사 때 실험실에서 맞이했던 어느 저녁나절이 떠오른다. 어둑어둑한 실험실 구석에서 실험용기 안으로 약을 넣다가 우연히 베란다 쪽을 바라보았더니 열린 베란다 문으로 기어들어온 석양이 어두운 실험실과 극명한 대조를 이루고 있었다. 그날이 내 머릿속에 남을 거라곤 한 번도 생각해본 적 없었지만 요즘은 이상하게 그때의 이미지가 자꾸만 떠오른다.

연구직은 화려하지 않다. 언론의 조명을 받는 스타과학자들도 있지만 대다수는 제한된 공간에서 남들이 알아주지 않는 실험을 하며 세월을 보낸다. 나는 그날 열린 문을 통해 들어오는 석양을 부러운 눈으로 보지 않았다. 고즈넉한 저녁나절 석양과 어둠이 절묘하게 조화된 공간에서 나는 그 순간을 즐겼던 것 같다. 어둠 속에서 피펫을 들고 서 있던 나도 그 조화의 일부였다. 지금도 마찬가지다.

내 인생의 실험은 아직 끝나지 않았다

맑고 흐리고
비 오고 또 개이고

2012년 4월 2일

　잠이 잘 오지 않는다. 잠자리에 누운 지 벌써 30분이 지났는데 머릿속에서는 여전히 낮에 하다 실패한 내이(內耳) 해부가 맴돈다. 벌써 한 달째다. 내이 미세 해부에 매달린 게. 그런데도 여전히 헤매고 있으니 좋은 조짐은 아니다. 2, 3월엔 강의 때문에 실험을 못 했는데 지금은 기본적인 문제마저 해결하지 못해 실험 진도가 나가지 않는다. 얼마 후면 6월이고 학교 발표대로라면 의대 건물의 공사가 곧 시작될 것 같다. 앞으로 한 달, 이 한 달 내에 길을 찾지 못하는 경우 잘못하면 1년을 공칠지도 모른다.

내가 내이를 연구하는 건 내 연구대상이 선회생쥐이기 때문이다. 선회생쥐는 출생 직후 내이의 청각세포가 저절로 파괴되어 듣지 못하게 되는 동물로 인간 난청의 동물모델이다. 선회생쥐 내이의 파괴 양상은 어느 정도 밝혀져 있지만 아직 미진한 부분이 많이 있었다. 언제부터 청각세포가 파괴되기 시작하는지 그 기전은 무엇인지 등등. 나는 2006년부터 선회생쥐를 연구하기 시작했지만 내이만은 머뭇거리고 있었다. 접근하기가 너무 어렵기 때문인데 이제는 더 이상 내이를 모른 체하고 지나가기 어려운 시점이 되었다.

내이는 달팽이 모양이다. 겉은 뼈에 싸여 있고 안쪽 면은 달팽이 모양의 막구조물이 뼈에 붙어 있다. 내가 연구하는 것은 달팽이 모양의 막구조물 중 기저막에 붙어 있는 청각세포다. 내가 첫 번째로 해야 할 일은 청각세포가 놓인 막을 온전한 상태로 분리하는 것이다. 이 일은 정말 너무너무 어렵다. 청각세포가 놓여 있는 기저막은 두께가 수 μm밖에 되지 않을 정도로 얇고 청각세포 바로 위에는 현미경으로도 거의 보이지 않는 개막(tectorial membrane)이 있으며 그 위로는 라이스너막(Reissner's membrane)이란 막이, 그리고 바깥쪽으로는 외벽(lateral wall)이 포진해 있다. 청각세포에 접근하려면 기저막을 제외한 막들을 모두 제거해야 한다. 특수한 기법이 있는 것도 아니다. 그저 날카로운 포셉과 가위, 그리고 내 손이 내가 사

내 인생의 실험은 아직 끝나지 않았다

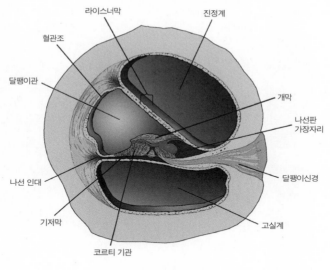

라이스너막
진정계
혈관조
달팽이관
개막
나선판
가장자리
나선 인대
달팽이신경
기저막
고실계
코르티 기관

내이의 구조

용할 수 있는 전부다.

　연령에 따른 내이의 변화는 일을 어렵게 만든다. 태어난 지 7일 이내의 쥐의 내이에서 막구조물만 뼈에서 분리하는 일은 그리 어렵지 않지만 8일 이상이 되면 뼈가 딱딱해지는데다가 막이 뼈에 단단히 붙게 되어 뼈와 막을 쉽게 분리하기 어렵다. 뼈와 막을 분리하다보면 막이 뼈와 함께 떨어져 나오면서 청각세포가 놓인 기저막이 찢어져버린다. 뼈와 함께 막이 찢어지고 나면 도대체 어디에 청각세포가 남아 있는지 육안으로 확인하기가 매우 어렵다. 개막도 성가시다. 외벽과 라이스너막을 제거해도 개막은 청각세포 위를 덮고 있기 때문에 여전

히 기저막 위에 남는다. 이 개막을 제거해야 청각세포의 전자
현미경 사진도 찍을 수 있고 생리적 기능도 확인할 수 있는데
개막은 현미경으로도 잘 보이지 않는다. 나는 한 달째 이 문제
들을 해결하지 못하고 있었다.

　한 달 전 나는 이 문제들을 해결하기 위해 조직을 고정해서
청각세포와 개막의 위치부터 확인하는 작업을 시작했다. 가장
간단한 방법은 H&E(Hematoxylin-Eosin) 염색이지만 나는 한
번도 해본 적이 없다. 그렇다고 누구에게 부탁할 수 있는 것도
아니고 해서 결국 혼자 해결하기로 했다. 우선 시약을 사는 일
부터 시작했다. 시약을 주문하고 받기까지 2주가 걸렸다. 시약
이 오기까지 계속 내이를 해부하고 막을 분리하는 연습을 했
다. 염색법을 여기저기 자문하고 자료를 검색해서 찾았지만
연구실마다 조금씩 달랐다. 헤마톡실린(Hematoxylin)에 몇 분
을 염색해야 하는지 에오신(Eosin)에는 얼마를 염색해야 하는
지 세척에는 왜 생리식염수를 쓰지 않는지 알 길이 없었다. 모
든 것을 하나하나 조건을 잡아야 했다. 해부학 교수가 'H&E
염색은 개나 소나 다 하지만 정말 손을 많이 타는 염색법'이라
고 했는데 그 말이 꼭 맞았다. H&E 염색을 시작한 지 2주가
지나 청각세포의 위치를 확인할 수는 있었지만 더 이상의 실
험은 무리라는 결론을 내렸다. H&E 염색은 청각세포와 개막
의 위치를 확인하기 위한 목적 외에도 청각세포의 사멸을 판
단하는 데도 도움이 될 것으로 생각해 시작했던 일인데 어떻

게 염색을 해도 좋은 사진을 얻기 어렵다는 것을 알았기 때문이다. 한 달의 시간을 그렇게 보냈지만 소득이 없었던 것은 아니었다. 적어도 개막과 청각세포의 위치 정도는 알았으니 말이다.

오늘은 그래도 기대를 안고 내이의 해부를 시작했었다. 나이가 든 쥐 내이의 청각세포와 개막의 위치도 대충 알았으니 해부도 좀 더 쉬울 것이란 생각이 들었지만 그건 단지 생각에 불과했다. 여느 때와 마찬가지로 뼈는 단단했고 뼈와 막은 견고히 붙어 있었고 막은 쉽게 찢어졌다. 두 시간 넘게 현미경을 잡고 늘어졌지만 유리접시 안에는 부서진 뼈와 너덜너덜한 막이 여기저기 흩어진 채 널브러져 있을 뿐이었다. 두 시간 현미경을 들여다보았으니 피곤할 만도 한데 나는 오늘 잠을 이루지 못하고 있다.

2012년 4월 3일

다시 내이를 앞에 두고 있다. 오늘은 하루가 더 지났으니 뼈는 더 단단해졌을 것이다. 늘 그랬듯 뼈와 함께 막이 떨어져 나온다. 떨어져 나온 막에는 아무리 찾아도 청각세포의 흔적이 보이지 않는다. 오늘도 공치는 것일까 싶어 힘이 절로 빠진다. 그때 얼핏 부서진 뼈 안쪽 면에 무엇인가 눈에 띄었다. 암벽에 걸린 외길처럼 뼈의 내벽을 따라 이어진 기다란 선반 모양의 뼈 위로 기저막이 깔려 있는 모습이 보인다. 하긴 그렇게 얇은 막이 아무런 지지대도 없이 공중에 떠 있을 수는 없다. 선반과 같은 뼈를 중심으로 옆에는 외벽이 라이스너막과 함께 곱게 몸을 감추고 있다. 가장 날카로운 포셉을 들어 조심조심 기저막과 외벽, 라이스너막을 다치지 않고 긁어냈다. 이제는 내가 떼어낸 막이 기저막인지 그 위에 청각세포가 있는지 확인해야 한다. 현미경 위에 올렸다. 너덜너덜한 개막 아래 청각세포가 눈에 들어온다. 성공이다.

2012년 4월 4일

이번에는 어린 쥐의 내이다. 내이의 청각세포가 어디 있는지 안다고 해서 내 실험이 끝난 게 아니다. 이제는 유리전극과 청각세포 막의 일부를 밀착시키고 터뜨려 청각세포 막전압을 일정하게 고정한 뒤 막전류를 기록하는 일이 남았다. 이 실험은 쉽지 않다. 이 실험만 20년 넘게 해온 나도 타율은 3할이 안 된다. 오늘은 더 낮다. 열 번의 시도를 했지만 근처에 접근하기는 한 번, 나머지는 말도 안 되는 실수를 연발한 끝에 실험을 접어야 했다. 이 세포에 접근하려면 특수한 방법이 필요할 듯하다. 앞으로 한 달은 더 필요하겠다는 생각이 들었다. 실험실 문을 닫고 퇴근버스로 향하며 그래도 성과가 있었다는 걸 애써 강조하며 스스로를 위로해본다. 오늘 밤 잠을 잘 잘

내 인생의 실험은 아직 끝나지 않았다

수 있을지 조금 걱정된다.

2012년 4월 9일

면역염색을 하려면 내이를 종으로 잘라야 한다. 횡으로만 잘라서는 어느 부분에 어떤 단백질이 있는지 정확하게 알 수 없다. 3주쯤 전에 조직을 냉동고정하여 잘라보려고 했지만 실패했었다. 종으로 자를 수만 있다면 내가 원하는 실험을 고안하는 데 문제가 없을 것 같다.

오늘은 냉동고정한 조직을 냉동절삭기로 자르는 것 대신 EDTA 용액에 넣어 뼈가 흐물흐물해진 조직을 진동절삭기로 잘라보려고 한다. 뼈와 막이 가죽처럼 단단해졌으니 잘만 자르면 내가 원했던 모양을 만들 수 있을 것도 같다.

우선 비스듬한 내이를 움직이지 못하도록 고정할 수 있는 방법을 찾아야 한다. 진동절삭기는 주로 뇌조직을 자르는 데 사용한다. 뇌조직은 순간접착제를 이용해서 바닥에 고정하여 자르는데 매우 부드럽기 때문에 절삭기의 면도날이 뇌조직을 자르며 전진해도 움직이지 않는다. 하지만 가죽처럼 질겨진 내이는 뇌조직보다 매우 작아서 순간접착제로 붙이기도 어려운데다가 칼날이 밀고 들어오면 내이가 뒤로 밀릴 가능성이 있다. 게다가 내이는 비스듬해서 칼날이 내이를 종으로 자르려면 각도를 잘 조절해야 한다. 뇌조직처럼 바닥에 그냥 놓아

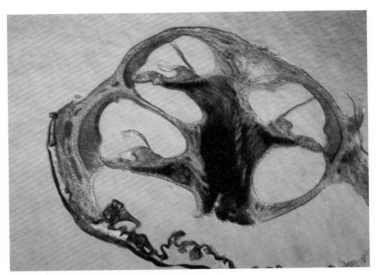

달팽이 모양 내이를 축을 따라 절개한 단면

서는 종으로 잘릴 가능성이 없다. 바닥을 기울이거나 내이를
붙일 수 있는 다른 고정대를 만들어야 한다. 고정대로 뭘 쓸까
찾다가 고무판이 눈에 띄었다. 우선 고무판을 사다리꼴로 작
게 자르고 사다리꼴의 빗면에 워셔(washer)를 접착제로 붙였
다. 내이의 뼈성분은 고무판보다 금속면에 잘 붙을 것 같았기
때문이다.

내이 하나를 집어 들어 순간접착제로 워셔 위에 붙였다. 처
음엔 물기 때문에 떨어질 듯하더니 의외로 단단히 붙었다. 예
상대로다. 고무판 밑에 양면테이프를 이용해 절삭대 바닥에
붙이고 날을 전진시켰다. 두께는 $50\mu m$로 설정했다. 냉동절삭

내 인생의 실험은 아직 끝나지 않았다

하면 10μm까지도 가능하지만 진동절삭이니 50μm라도 감지덕
지다. 처음에 칼날은 내이를 밀기만 했다. 내이가 질기긴 질긴
모양이다. 내이의 중심 정도 칼날이 갔다고 생각한 순간 무언
가 툭 잘려 나왔다. 이후 두어 장 더 조직이 잘려 나왔다. 현미
경으로 관찰한 순간 숨이 턱 막혔다. 교과서에서나 볼 수 있었
던 절편이 내 눈앞에 있었던 것이다. 염색을 하지도 않았는데
청각세포와 개막이 보이고 그 위를 비스듬하게 라이스너막이
지나가고 있었다. 정말 소리라도 지르고 싶은 심정이었다. 냉
동절삭이 쉽지 않아 속앓이를 했는데 이제 대안이 생긴 셈이
다. 얼른 옆방의 동료교수를 불렀다. 이렇게라도 자랑을 해야
속이 풀릴 것 같았다.

나는 아직 현역이다. 40대 중반, 연구를 가장 열심히 해야 할 때
이니 현역이란 말이 우습지만 내가 말하는 현역은 스스로 실험을
해서 결과를 얻는 것을 의미한다. 내가 아는 교수들 중에는 학생
들을 여럿 거느리고 실험 구상만 하는 교수들도 많다. 그런 의미
에서 나의 '현역'은 궁핍하다.

실험을 하는 교수라면 누구나 좋은 실험실, 풍부한 연구비, 똑
똑한 학생들을 꿈꾼다. 나도 그렇다. 아직도 '현역'인 것이 불만
인 게 사실이지만 좋은 점이 없는 것도 아니다. 무엇보다 매일같
이 새로운 것을 알아내고 어려운 문제를 해결하면서 희열을 느낄
수 있다는 장점이 있다. 문제를 하나 풀면 그때의 그 기분은 정말

뭐라 말할 수 없다. 그런 기분을 자주 느낄 수 있는 것이 아니라는 점은 불만이지만 궂은 날이 있어야 좋은 날도 있는 게 아닌가. 맑고 흐리고 비오고 개이고, 내 연구가 원래 이렇다.

언젠가 일간지에서 터키 시인 나짐 히크메트가 감옥에서 쓴 〈진정한 여행〉이란 시를 접했다. 내용은 다음과 같다.

진정한 여행

가장 훌륭한 시는 아직 씌어지지 않았다.
가장 아름다운 노래는 아직 불려지지 않았다.
최고의 날들은 아직 살지 않은 날들.
가장 넓은 바다는 아직 항해되지 않았고
가장 먼 여행은 아직 끝나지 않았다
(……)

나는 이 시를 접했을 때 가슴이 벅차오르는 것을 느꼈다. 이 시는 내게 최고의 날들이 아직 오지 않았음을 얘기해주고 있었다. 어쩌면 내가 연구를 그만두는 날까지 지금보다 더 편하고 멋진 시간들이 끝내 오지 않을지도 모른다. 하지만 그런 날이 오든 오지 않든 별로 개의치 않을 것 같다. 이 시에서 말하듯 내가 연구를 그만두더라도 최고의 날들은 여전히 남아 있을 것이기 때문이다. '현역' 연구자의 바람은 항상 현재 진행형이다.

4부

—

산다는 건

살아간다는 것

소아과 실습을 돌고 있을 때 아는 사람에게서 연락을 받았다. 누군가의 아이가 서울대 병원에 입원해 있다 하니 한번 방문해보란 것이었다. 아이는 9세 정도, 부모는 안면이 있는 분들이었다. 내가 방문했을 때 아이는 깊은 잠에 빠져 있었다. 아이는 신경과에 입원해 있었는데 의식도 떨어져 있었고 신경과의 일반 검사상 여러 장애가 발견되었다. 라이 증후군(Reye syndrome)이 의심된다고 했다. 라이 증후군은 바이러스 감염이나 수두, 인플루엔자 감염 뒤 간기능과 뇌기능의 급격한 저하가 나타나는 질환이다. 라이 증후군에서 보이는 신경학적 증상은 뇌부종 때문인 것으로 추정되는데 뇌부종은 환자의 급사로도 이어지기 때문에 무척 조심해야 한다. 소아과 병실에 누워 있는 그 아이의 증상도 바로 뇌부종에 의한 것으로 보였다.

당시의 주치의는 황용승 교수님이었다. 진찰을 하는 얼굴이 어두워 보였다. 신경은 한번 손상되면 돌이키지 못하기 때문이다. 엄마는 애써 밝은 얼굴을 하고 있었다. 희망의 끈을 놓지 않은 듯했다. 외국에서 오래 살다가 귀국해 늦은 결혼으로 얻은 독자였다. 늦둥이에 공부까지 잘해 엄마의 사랑을 독차지했던 아이였다. 엄마는 절망할 준비조차 하지 않고 있었다.

시간은 더디게 흘렀다. 나는 그 후로도 몇 번 더 병실을 찾았다. 뇌파검사를 하는 곳도 따라갔던 기억이 난다. 황 교수님의 회진 때도 몇 번 더 보았던 것 같은데 그것으로 그만이었다. 난 그 아이의 부모도 아니고 치료자도 아니었다. 방관자에 구경꾼이었을 뿐이었다. 소아과 실습도 끝나가고 담당환자도 바뀌면서 차츰 그렇게 그 아이에게서 멀어져 갔다. 그 아이가 언제 퇴원했는지조차 모른 채 그해 가을이 지났다.

내가 그 애를 다시 만난 건 의대를 졸업하고 10년이 지난 뒤였다. 단국대 천안 캠퍼스에 직장을 잡으면서 천안에 살게 되었는데 한 달에 한 번 인근 도시에 있는 교회에 갈 기회가 있었다. 교회는 어느 빌라 근처에 있었는데 그 빌라에 바로 그 아이의 집이 있었다. 교회에 들어서는 순간, 난 그만 얼어붙고 말았다. 그 아이의 부모님이 바로 거기에 있었기 때문이었다. 부모님은 나를 무척 반기셨다. 나 덕분에 주치의인 황 교수님이 더 열심히 봐주셨다고 생각하시는 듯했다. 사실 난 아무것도 한 게 없었다. 교회가 끝나고 나는 아이의 안부를 물었다. 이미 죽었을 거라 생각했기 때문에 묻기가 조심스러웠지만 묻지 않을 수도 없었다. 거기서 뜻밖의 말을 들었다. 아이가 여전히 살아 있다는 것이었다. 그것도 잘 살고 있다고 했다. 무슨 소리인지 알 수 없었다. 그랬더니 부모님은 인근 빌라의 작은 방으로 날 안내했다. 거기에 그 아이가 누워 있었다.

아이는 많이 자라 있었다. 나이는 벌써 10대 후반, 머리는 짧은 편이었고 이가 고르지 않았지만 분명 10년 전 바로 그 아이가 틀림없었다. 살은 거의 없어 굵은 뼈마디를 감추지 못했고 아이는 앉을 수도 없었지만 살아 있었다. 의식은 있었지만 아이의 눈은 검고 맑고 투명할 뿐 공허해 보였다. 말은 하지 못했다. 싫다 좋다는 의사표현 정도는 몸짓이나 표정, 어으어으 하는 말로 대신했고 대소변은 혼자 해결할 수 없어 기저귀를 차고 있었다. 목에는 기관이 박혀 있었다. 호흡이 불완전해서 때로 인공호흡에 의존하거나 차오르는 가래를 뽑아내기 위함이었다. 사지는 뒤틀려 있었고 척추는 휠 대로 휘어 폐가 제대로 크지 못하고 있었다. 아이가 살아 있긴 했다. 그저 살아만 있었다.

부모가 아이를 학대해서 뼈만 앙상하게 남은 건 아니었다. 부모는 아이를 정성으로 돌보고 있었다. 하지만 잘 삼키기 어려워 제대로 된 식사가 불가능한 아이, 스스로는 한 발자국도 옮길 수 없는 아이에게서 튼튼한 뼈와 우람한 근육을 기대할 수는 없는 노릇이다. 아이는 하루 세끼를 엄마가 입으로 흘려주는 유동식으로 연명하고 있었다.

부모님은 그새 많이 늙어 있었다. 어머니는 아이를 위해 직장을 포기했고 1년 365일을 아이 옆에서 보냈다. 지겨울 법도 한데 내색하지 않으셨다. 나는 천안에 살면서 이들 부부를 1년간 지켜보았다. 정확히는 한 달에 네 번씩 총 48번을 지켜보았다. 내가 지켜본 1년 동안 그들은 한결같은 정성으로 아이를 돌봤다. 말끝마다 아이의 이름을 올리며 마치 아무 장애가 없는 세 살 혹은 네 살배기 아이를 돌보듯 그렇게 아이를 품고 있었다. 그들과의 만남은 내가 천안에서 서울로 이사하면서 그렇게 끝나는 듯했다.

내가 그들을 다시 만난 건 천안을 떠난 지 2~3년이 지난 뒤였다. 1년에 한 번씩 전국의 교회 사람들이 한 곳에 모이는 대회가 있는데 그곳에서 그들과 재회했다. 그 아이는 숙소 한구석에 산소통과 함께 덩그러니 놓여 있었다. 키도 좀 더 큰 듯했다. 여전히 혼자 앉거나 설 수 없어 계속 자리에 누워 있어야만 했다. 아이의 키가 더 큰 만큼 부모의 머리카락은 더 하얗게 변했지만 아이를 먹이는 방식도 아이를 옮기는 방식도 옛날과 똑같았다. 아이를 먹이려면 아이를 들어앉히거나 무릎에 비스듬히 기울여야 했고 아이를 옮기려면 아빠가 업어야 했다. 아이가 어릴 때는 그게 어려운 일이 아니었지만 스무 살이 넘은 지금은 모든 일이 버거워 보였다. 왜 이 아이는 계속 자라는 걸까? 계속 작아지는 병이라도 걸렸다면 부모가 조금은 덜 힘이 들 것도 같은데 말이다. 앞으로 10

년 후면, 그리고 20년 후면 어떻게 되나. 부모가 늙어 숟가락 하나 들 힘조차 없게 되면 그땐 어떻게 하나. 아이에겐 형제도 없다. 유일한 독자라 부모가 죽고 나면 아이를 돌봐줄 피붙이 하나 없다. 아이는 그렇다 치고 부모는 또 어떻게 하나. 아이를 두고 편히 눈이라도 감을 수 있을까? 자신들의 죽음은 또 누가 돌봐줄 것인가? 우연히 나는 그 어머니가 하는 말을 지나가다 들었다. 그 애가 없으면 허전해서 못 살 것 같다는 어머니의 말을 들으며 나는 마음이 천근 같았다.

언젠가 퇴근하는 버스 안에서 〈6시 내 고향〉이라는 프로그램을 봤다. 농촌이나 어촌을 찾아간 리포터가 갯벌이나 밭에서 그 지역의 특산물을 맛나게 먹는 그 프로그램 말이다. 그날도 비슷한 내용이 방송되고 있어서 억지로 눈을 감고 잠을 청하는데 어쩌다 눈을 떠봤더니 특이한 사연이 소개되고 있었다. 조실부모하고 사촌누이 집에 맡겨진 삼남매 중 둘째가 자신을 키워준 사촌누이 집을 방문하는 내용이었다. 삼남매가 맡겨질 당시 사촌누이는 이미 혼인을 한 상태여서 시부모와 남편, 아이들과 함께 살고 있던 처지였다. 그 대가족에 끼게 된 삼남매의 사연은 듣지 않아도 상상할 수 있다. 늘 가고는 싶었지만 어찌어찌하다 20여 년을 가지 못했던 사촌누이의 집을 사십 넘은 노총각이 김치와 된장찌개, 제육볶음을 해서 찾았다.

막내는 잃어버리고 맏이는 이미 죽어 혼자 남은 둘째는 사촌누이와 만나 울음을 멈추지 않았다. 나도 그들의 재회를 눈물로 지켜보았다. 누이에게 자신이 직접 만든 음식을 떠주고 잃어버린 막내를 그리며 울고 흔적도 분명하지 않은 형님의 무덤 앞에서 통곡하는 둘째를 보며 나는 새삼 '인간은 무엇으로 사는가?'란 질문을 내게 던지고 있었다.

'인간은 무엇으로 사는가?' 나는 이 질문에 대한 보편적인 대답을 찾지 못했다. 하지만 나는 대구시장에서 엿장사로 사는 둘째가 무엇으로 사는지는 어렴풋이 알 것도 같았다. 그는 분명 '그들' 때문에 산다. 더우나 추우나 시장 바닥에서 각설이 타령을 부르는 것도 분명 '그들' 때문이다. 주위의 냉대를 막아주고 자신을 키워준 사촌누나, 변변한 먹을 것 하나 제대로 사주지 못하고 식모로 보내야 했던 어린 동생, 사인은 모르지만 정상적인 치료 한 번 받지 못하고 죽었을 자신의 형, 분명 둘째는 그들을 위해 산다. 그들을 위해 산다고는 하지만 형은 죽었고 동생은 실종되었으며 사촌누이는 이미 늙었다. 갚아야 할 빚이 있는 것도 아니고 그 불행이자신 때문에 비롯된 것도 아니다. 하지만 둘째는 20년 넘게 김치와 된장찌개와 제육볶음을 마음에 얹고 살았다. 남들 눈에는 하찮은 음식에 불과하지만 둘째에게는 크나큰 짐이었고 살아가야 할이유였다.

우리가 왜 사는지 그 이유를 누가 명쾌하게 설명해줄 수 있을까? 조물주는 그 대답을 위해 자식을 우리에게 주셨는지도 모른다. 라이 증후군에 시달렸던 그 아이의 부모도 우리도 같은 운명속에서 또 하루를 산다. 그 아이의 부모에겐 더 큰 목표가 있었는

내 인생의 실험은 아직 끝나지 않았다

지도 모른다. 하지만 이제 그런 목표 따위는 다 사치다. 한 번 더 아이에게 아무 이상 없이 죽을 먹이고 한 번 더 아이를 업을 수 있고 한 번 더 아이의 대소변을 치울 수 있다면 그것으로 족하다.

아이가 없다고 생각하면 허전해서 못 살 것 같다는 엄마의 말은 허언이 아니었다. 그 말을 할 때 밝게 빛나던 그 얼굴은 우리가 왜 사는지에 대한 대답 이상의 것을 던져주고 있다. 그들의 여로가 어디에서 끝이 날지 어떻게 끝이 날지 상상하기 싫다. 한 가닥 마지막 신의 자비가 남아 있다면 그것이 올바로 그들에게 베풀어지기를 바라 마지않는다.

통근버스

빗줄기가 제법 굵다. 일찍 나섰는데도 도로엔 차들이 빽빽하다. 이런 날엔 나답지 않게 차 사이 거리를 띄운다. 타이어가 낡아서 제동거리가 길기 때문이다. 롯데마트까지는 갔어야 할 차는 아직 지역난방공사 앞이다. 노란색 신호등이 켜졌지만 차를 멈추지 않았다. 사거리를 지나도 앞길엔 차들이 꼬리를 물고 서 있다. 핸들을 꺾어 뒷골목으로 차를 돌린다. 잠시 후 도착한 고가도로 밑 주차장 구석에 차를 아무렇게나 처박아두고 빗줄기를 뚫고 차 사이를 빠져 고속도로 변 정거장을 향해 달린다. 정거장 계단 아래에 도착하니 낯익은 얼굴들이 버스를 향해 움직인다. 계단을 두 칸씩 뛰어오른다. 다행히 오늘도 무사히 버스에 오르는 데 성공한다.

내 인생의 실험은 아직 끝나지 않았다

나의 아침 출근전쟁은 벌써 10년이 다 되어간다. 그동안 전쟁의 양상은 조금 변했다. 봉천동에서 천안으로 내려갈 때에는 아침 7시에 나와야 했지만 수지로 이사 온 후부터는 7시 30분에 집을 나선다. 봉천동에서는 걸어서 전철을 타야 했지만 지금은 차를 몰고 나가서 버스 정거장 근처에 세워둔다. 예전에 비해 조금은 편해졌다고 할 수 있다. 하지만 나의 두 다리가 통근버스 승차 여부를 결정한다는 사실은 그때나 지금이나 변하지 않았다. 봉천동에 살 때는 집에서 서울대역까지, 강남역에서 버스 승강장까지 얼마나 빨리 걸어가느냐가 중요했다. 지금은 차에서 내린 후 고속도로 옆 정거장까지 얼마나 빨리 걸어갈 수 있느냐가 중요하다. 수지로 이사 와 30분을 벌었지만 다리는 여전히 쉼을 얻지 못했다.

　봉천동 아파트에서 서울대역까지 이어진 뒷골목에는 연립주택이 많았다. 사이사이 낀 단층집들은 전파사나 문방구, 미장원 간판을 달고 있었다. 봉천시장 입구의 복권방도 그런 집 중 하나였는데 7시 10분 정도면 나는 그 집을 지나야 했다. 내게 그 복권방은 7시 10분이다. '이번 주 로또는 당신입니다'란 문구도, 지난주 당첨자의 당첨액도 7시 10분보다 중요하진 않았다. 그 시간에 복권방을 지나지 못하면 뛰어야 했다. 전철 승차 후의 휴식도 잠깐, 마음속에는 불안이 새롭게 싹튼다. 아무래도 열차가 사당역에서 오래 멈춰서 있을 것 같다. 예상대로 열차가 잠시 지연된다. 벌써 강남역엔 통근버스가 도착했을 것 같다. 할 수 있는 일은 없다. 머릿속으로 어느 통로로 뛰어가야 할지 그려보는 일 외엔. 열차가 멎고 문이 열리면 나는 뛰기 시작한다. 계단을 두 개, 세 개씩 뛰어오르면 학교 직원들의 긴 줄이 보인다. 조금 속력을 늦추고 숨을 고른 뒤 마치 예전에 도착하기나 했던 것처럼 천천히 그들 뒤로 선다. 교수가 아침부터 뛰는 건 좀 우스워 보일 것 같아서다. 하지만 아무도 내가 교수란 사실은 모른다. 자의식의 과잉은 언제나 우습다.

이른 아침의 강남역 사거리는 사람을 주눅 들게 한다. 화려한 상가며 빌딩이 여기가 서울 최고의 번화가라는 사실을 자꾸만 일깨운다. 전철역에서 쏟아져 나오는 사람들도 예외가 아니다. 그들 모두 강남특별시 시민들이다. 버스가 조금 늦게 도착해 버스 줄이 길어질 때마다 나는 강남특별시 시민들의 보행에 방해가 되는 긴 줄이 부담스러웠다. 그들은 여기로 오는데 나는 강남을 떠나야 한다는 사실이 싫었다. 수지로 이사한 후에야 나는 마음의 짐을 덜었다. 죽전 정거장에서는 모두들 나처럼 아래로 내려가기 때문이다.

출근 시간, 버스 안 풍경은 항상 똑같다. 대부분 잔다. 가방은 옆 좌석에 놓여 있다. 내 옆에 앉지 말란 뜻은 아니다. 단지 가능하면 다른 곳에 앉아달라는 뜻이다. 나처럼 도중에 탄 사람들은 곤히 자고 있는 사람들을 최대한 존중한다. 하지만 좌석이 꽉 차면 어쩔 도리가 없다. 자는 사람들을 깨워야 한다. 그들도 예상하고 있었던 것처럼 금방 가방을 치워준다. 좌석을 고르다 가끔 갈등한다. 몇 자리 남지 않은 좌석, 젊고 예쁜 여직원 옆자리와 정년을 얼마 남기지 않은 노교수의 옆자리가 비었다. 공간만 놓고 보면 날씬한 여직원 옆에 앉는 것이 정답이다. 노교수의 비대한 몸은 나잇살을 먹어가는 내 몸뚱이를 받아들이기엔 여유가 없다. 하지만 어쩔 수 없다. 내가 앉을 자리는 노교수 옆이다. 모두들 자고 있으니 아무도 관심을 두지 않을 테지만 나는 스스로 넓은 자리를 마다한다. 여직원 옆자리는 뒤따라 들어온 어느 노교수의 몫이다. 부러우면 지는 거라고들 하는데 괜히 손해 본 듯하다.

버스를 타면 자는 게 최선이다. 자는 시간이 아까워서 책이나 논문을 읽으려 들었던 적도 있었다. 하지만 그건 웬만한 내공이 아니고서는 어렵다. 지금은 평일에도 버스 전용차선이 있어서 사정이 많이 나아졌지만 버스 전용차선이 없을 때, 경부고속도로는 늘 기흥까지 막혔다. 한번 지체된 버스는 출근시간을 맞추기 위해 사정없이 내달렸다. 속도계를 보지는 못했지만 어림잡아 시속 140 정도는 되어 보였다. 차선 바꾸기는 기본이다. 그럴 땐 차라리 안 보는 게 낫다. 그렇게 달리는데 사고가 나지 않을 리 없다.

2~3년 전 천안으로 가던 통근버스가 사고가 났다. 덕분에 아침부터 단국대 병원 응급실에는 소위 VIP들이 넘쳤다. 전공의들도 자신들이 모시던 교수들이 대거 몰려들어 아침부터 이리 뛰고 저리 뛰며 땀 깨나 흘렸다. 그날 전공의들이 성심성의껏 봉합을 했다는 얘기는 듣지 못했다. 평소 마음에 들지 않던 교수라면 절호의 기회가 아닌가? 퇴근버스가 사고를 낸 적도 있다. 양재 IC에 진입하던 버스가 브레이크 파열로 여러 대의 차와 충돌하고 가로수를 받은 후 멈췄다고 했다. 나도 그 버스에 탔었다. 내가 죽전에 내릴 때만 해도 버스는 문제가 없었는데 사고는 그 후에 났다고 했

다. 10년 동안 사고가 없었다는 것은 사고를 당할 확률이 더 커졌다는 뜻이기도 하다. 그렇다고 내가 할 수 있는 일은 없다. 그냥 눈을 감고 자는 것 외에는.

우리 집 아이에게 통근버스는 원망의 대상이다. 그놈의 가장 큰 불만은 왜 아빠는 다른 집 아빠처럼 늦게 들어오지 않느냐는 거다. 퇴근버스는 5시, 6시, 8시에 있는데 나는 늘 5시 퇴근버스를 탄다. 집안일을 봐주시는 아주머니의 퇴근시간을 맞추려면 5시 퇴근버스 외에는 없다. 물론 아내가 그 시간을 맞추면 되니 그건 평계에 불과하다. 그보다는 저녁 식사시간에 맞추려는 것이 더 큰 이유다. 퇴근버스는 내가 집에 도착하는 시간을 20분의 오차 안에 정확히 맞춰준다. 평일 버스전용차선은 그 오차를 10분 이내로 줄였다. 내가 이명박 정부에 가장 고마워하는 것이 바로 평일 버스전용차선이다. 아이가 내가 일찍 올 수 있는 이유를 알게 되면 이명박 정부를 무척이나 미워할 것 같다. 간혹 내가 늦게 온다고 얘기하는 경우가 있긴 있다. 아이는 처음엔 무척 기뻐하더니 내가 들어오는 시간을 보고는 그 다음부턴 늦게 온다고 해도 시큰둥했다. 8시 퇴근 버스를 타니 집에 들어왔을 때 정확하게 9시였기 때문이었다.

지난 10년은 그렇게 흘렀다. 아침에 늘 보던 교수들과 함께 버스에 오르고 오후 5시가 되면 다시 퇴근버스에서 그들을 대면했다. 그리고 그 다음날 다시 그 얼굴들을 보고 출근했다가 그 얼굴들을 보고 퇴근했다. 얼굴들은 가끔 바뀌곤 했지만 대부분은 변함이 없었다. 사실 나는 그 얼굴들, 특히 백발이 성성하거나 머리숱이 적어 모자로 감추어야 하는 얼굴들을 보면 존경심이 절로 솟는다. 학문적 업적 때문에 존경한다는 뜻은 아니다. 솔직히 나는 그분들의 성함도 모르기 때문이다. 단지 그들이 나보다 더 오래 이 버스를 타왔다는 그 사실 하나에 나는 경의를 표한다. 출퇴근 동안 그들이 잠자며 길가에 뿌린 시간이 뭐 그리 대단하냐며 나의 의견에 토를 다는 분들도 있을 것이다. 묵묵히 한 직종에 종사하며 장인의 반열에 오른 사람들과 비교하려는 것은 아니니 너무 까칠하게 반응할 필요는 없다. 단지 그들이 버스를 타며 밟아왔던 시간, 그 뒤에 감춰진 그들의 헌신에 경의를 표할 뿐이다. 바로 내가 그런 평범한 소시민의 길을 걷고 있기 때문이다.

10년간 버스를 탔는데 버스를 놓치는 일이 없을 순 없다. 지난 10년간 나는 버스를 약 네 번 정도 놓쳤다. 방학이 끝난 후 버스 도착시간이 바뀌었는데 공고를 보지 못했기 때문이었다. 그날도 그랬다. 죽전 정거장에 도착했을 때 늘 보던 얼굴들이 보이지 않았다. 당황스러웠지만 혹시나 하는 마음에 5분을 더 기다려보았다. 5분이 지나 버스 회사에 전화를 했고 버스가 떠났다는 대답을 들어야 했다. 어떻게 할까 잠시 고민했다. 시외버스 정류장으로 가거나 수원역으로 가는 수밖에 없었다. 어떤 방식으로 가건 11시 이후에나 도착할 것 같았다. 그날은 마침 수업이나 실험이 없는 날이었다. 한참을 고민하다 집으로 돌아가기로 했다. 논문이라면 집에서 읽어도 될 터였다. 차를 몰고 아파트 입구에 들어서다 마침 출근하는 아내에 딱 걸렸다. 아내는 미심쩍었던지 내 차를 따라왔다. 그리고 주차장에 내 차가 멎고 내가 내리자 잔인하게도 끝까지 따라와 자초지종을 다 듣고 한바탕 웃어 젖힌 후 떠났다. 통근버스를 한 번 벗어나기란 징글맞게 어렵다.

난 영락없는
한국 교수

나는 2004년 미국 피츠버그로 해외연수를 떠났다. 교수들의 해외
연수는 자녀들의 교육에 방점이 찍혀 있는 경우가 많지만 학위과
정 중의 전공을 버리고 신경과학으로 새로이 진로를 바꾼 나에게
는 어쩔 수 없는 선택이었다. 가족과 함께 가고 싶었지만 아내는
직장 때문에 함께 갈 수 없었다. 1년 뒤 나와 합류하기로 약속하고
혼자 떠났다. 짐을 부치고 가족과 작별했다. 아이는 그때 막 두 살
을 넘겼다.

　미국은 첫날부터 나를 힘들게 했다. 워싱턴에서 비행기를 갈아
타고 피츠버그에 도착하니 짐이 도착하지 않았다. 그날 나는 나를
마중 나온 한국인 대학원생 부부를 앞에 두고 수하물 보관소에서

잃어버린 짐을 찾기 위한 수속부터 마쳐야 했다. 짐을 다 잃어버리고 결국 그날 밤은 대학원생 부부의 집에서 신세를 졌다.

미국에 도착한 다음날 나는 한국에서 미리 예약해둔 아파트부터 찾았다. 아파트는 도로 바로 옆에 있었다. 미국 드라마에 흔히 나오는 그런 아파트였다. 아파트 창밖에는 바로 버스 정류장이었다. 정원이 있고 차도와는 멀찍이 떨어져 있는 한국식 아파트에 익숙한 내게 이런 아파트는 너무 낯설었다. 내 방은 바로 2층이어서 정류장에 서 있는 사람들의 얼굴이 다 보였다. 혼자서 밥 먹는 꼴을 생중계하기 싫으면 커튼부터 달아야겠다는 생각이 들었다. 마루는 걸을 때마다 삐걱댔다. 아파트에 도착한 첫날 짐도 가구도 없는 휑뎅그레한 아파트 마루에 신문지를 깔고 잠을 청했다. 구석에서 바스락 소리가 들렸다. 바퀴벌레가 분명했다. 불을 켜고 보니 한국에서 보던 놈과 다른, 갈색이 더 진하고 몸집은 더 큰 놈이 재빠르게 도망쳤다. 여기가 선진국이라 불리는 미국이 맞는지⋯⋯ 한숨부터 나왔다.

미국은 내가 살던 한국이 아니었다. 사는 방식도 소통하는 방법도 달랐다. 나는 처음에 그걸 이해하지 못했다. 미국에 처음 왔으니 열심히 귀를 기울였어야 했는데 그렇게 하질 못했다. 영어가 짧은 것도 원인이었지만 미국식 습관에 무지했던 게 더 큰 원인이었다. 그네들의 습관을 몰라서 당했던 황당한 일이 많았는데 그중에서도 가장 기억에 남는 것은 서비도어(servidor) 사건이다. 내 아파트의 방문을 열고 들어가면 방문 바로 옆 벽에 조그만 문이 하나 달려 있었다. 문을 열어보면 선반이 두 개 가로 놓여 있어 물건을 올려놓을 수 있도록 되어 있었다. 그 공간의 용도는 알 수 없었지만 신장으로 쓰면 적당하겠다는 생각이 들었다. 그래서 2주가 넘어 짐이 마침내 도착했을 때 짐 속에 들어 있었던, 장모님께서 선물로 주신 한 번도 신지 않은 운동화를 그 공간에 두었다. 미국에 도착한 지 2주가 이미 지난 뒤였지만 짐은 처음 푸는 것이라 마치 처음 도착한 날 같았다. 선반에 얌전히 놓인 운동화를 보면서 마음이 차분히 가라앉는 듯해서 그날 밤은 무척 잘 잤던 기억이 난다.

사건은 그 다음날 저녁에 일어났다. 실험실에 갔다가 돌아와 보니 선반에 고이 모셔두었던 운동화가 감쪽같이 사라지고 없었다. 너무 놀라 다른 물건이 없어졌는지 살펴보았는데 방안의 다른 물건은 모두 제자리에 있었다. 누군가 이 방을 침입했었다는 생각에 처음엔 무서웠는데 나중엔 운동화만 노리는 어느 변태의 짓인가 싶어 불쾌한 생각이 들었다. 관리 사무소에 전화를 했더니 사람이 왔다. 짧은 영어로 상황을 설명하고 이게 어쩐 일이냐고 따졌더니 내 태도가 마음에 들지 않는지 정 그러면 경찰을 부르라고 하고 내려가 버렸다. 한국에서라면 누구든 나서서 도와주려고 할 텐데 뭐 이런 사람들이 다 있나 싶었다. 부르라면 못 부를까 오기가 도졌다. 911에 전화를 했다. 영어로 전화를 하는 게 얼마나 어려운지 잘 알기에 되도록 전화를 쓰지 않았는데 어쩔 수 없었다. 전화를 끊고 5분이나 지났을까? 형사가 내 방문을 두드렸다. 형사는 뭘 운동화 하나 가지고 그러냐는 표정이었지만 누군가 침입했을 가능성을 걱정한다는 내 얘기를 잘 들어주었다. 형사는 떠났고 그 후로 다시 오지 않았다. 운동화도 물론 찾지 못했다.

운동화 실종 사건에 대한 단서를 잡은 것은 운동화를 잃어버리고 6개월이 지나서였다. 그날은 아침 늦게 나왔는데 복도에서 청소부가 일을 하고 있었다. 그런데 그 청소부는 벽에 달린 조그만 문을 하나씩 열면서 무엇인가를 치우고 있었다. 벽에 무슨 문이 있지? 하는 생각에 내 방문을 봤더니 내 방문 옆에도 조그만 문이 있었다. 나는 다시 방으로 돌아갔다. 방문 옆에 있는 조그만 벽장 문을 열어보니 안쪽에 밖으로 통하는 문이 달려 있었다. 나는 그제야 일이 어떻게 돌아가는지 알게 되었다. 그 선반이 달린 벽장은 쓰레기를 버리는 곳이었다. 방에서 쓰레기를 문 앞에 내놓지 않고 그 벽장에 넣은 뒤 문을 닫으면 아침마다 청소부가 밖에서 쓰레기를 수거하는 방식이었다. 그것도 모르고 운동화를 넣었으니 제발 버려주시오 하고 내민 셈이나 다름없었다. 아마 그 청소부는 이게 웬 횡재냐 싶었을 거고 두말없이 가져갔을 것이다. 그때 갑자기 번뜩 떠오르는 단어가 있었다. 그게 바로 'servidor'였다. 이 단어는 내 아파트 계약서에 분명 나오는 단어였는데 나는 처음 보는 단어라 별로 심각하게 생각하지도 않았고 찾아보지도 않았다. 아파트 계약서를 꼼꼼히 읽어보고 이해가 가지 않는 부분을 관리사무소에 물어봤었더라면 운동화를 잃어버리는 일은 없었을 것이다. 한국에서 늘 보는 전세계약서 정도로 생각했던 게 화

내 인생의 실험은 아직 끝나지 않았다

근이었다.

모르면 물어봐야 한다. 묻는 게 부끄러운 일도 아니다. 하지만 나는 어쩔 수 없는 한국인이라 별일 아닌 일에 자존심을 건다. 모르면 모르는 표정이라도 지어야 하는데 그게 어렵다. 그러다보니 입에 달려 있는 'ok' 혹은 'yes'가 시도 때도 없이 나온다. 그러다 가끔 손해도 본다. 지금도 마트에서의 그 일을 생각하면 웃음이 난다. 토요일이었는데 갈 곳도 없었고 가고 싶은 곳도 없어서 생필품을 사러 마트로 향했다. 장을 대충 보고 점심을 먹어야겠기에 햄버거를 사려고 갔다. 맥도날드나 웬디스 같은 체인이 아니라 그 마트에만 있는 가게였는데 점원이 이것저것 물었다. 토핑을 뭘로 하겠느냐는 질문이었던 것 같은데 내가 선뜻 대답하지 못하고 머뭇거렸더니 'plain'으로 먹겠냐고 물었다. '평범한'이란 뜻이다. 내가 가지고 있는 평범한 햄버거의 이미지는 빵 사이에 고기와 상추, 토마토가 들어가고 그 위에 소스가 뿌려진 것이었다. 롯데리아의 햄버거가 대부분 그렇잖은가? 순간 잠시 머뭇거렸지만 곧 'yes'라고 대답했다. 잠시 후 점원이 내게 내민 햄버거는 말 그대로 진정한 의미의 평범한 햄버거였다. 빵 사이에 고기 패치가 들어 있고 그 외의 아무것도 없는 햄버거, 심지어 소스도 뿌리지 않은 진짜 플레인 버거(plain burger)를 미국에서 처음 알았다. 그렇다고 값이 다른 버거에 비해 싼 것도 아니었다. 여러 가지 토핑을 넣건 넣지 않건 값은 똑같았다. 그런데 나는 'yes'라는 한마디 덕분에 같은 값을 내고 아무 맛도 없는 플레인 버거를 먹게 되었다.

묻지 않아 손해 봤던 일은 그것뿐만이 아니었다. 운전면허를 따기 위해 시험장에 갔을 때도 그랬다. 그곳의 실기시험은 평가하는 사람을 태우고 시험장 앞마당을 한 바퀴 돈 후 정해진 구역에 일자주차를 하는 방식이었다. 운전경력이 10년이 넘어갈 때였으니 그 정도의 시험은 아무것도 아니라고 생각했지만 그게 아니었다. 시험관을 태우고 마당을 한 바퀴 돈 후 일자주차를 하기 위해 차를 정해진 구역에 댔을 때 시험관이 뭐라고 말을 했다. 나는 그말을 단순히 여기다 차를 대라는 말로 알아들었다. 늘 하던 대로 핸들을 돌려 차를 후진시켰는데 금으로 그어진 구역보다 조금 더나간 것 같았다. 그래서 차를 원위치로 다시 돌렸는데 그 순간 시험관이 그만하라고 말을 했다. 왜 그러냐는 눈으로 바라보았더니 자동차를 세 번 움직이는 동안 구역 안에 주차하는 게 규칙이라고 했다. 그제야 깨달았다. 시험관이 일자주차를 하기 전에 'three times'라고 말한 것의 의미를. 그것도 시험이라고 나는 꽤 긴장했던 모양이다. 시험관이 그렇게 말했을 때 그 말을 하나하나 귀담아 듣지 않고 일자주차만 하면 된다고 생각했던 것이다. 시험관에게 'three times'의 의미를 다시 물었더라면 좀 더 조심스럽게 시험을 쳤을 것이다. 그날 난 운전면허를 따지 못했다.

미국에서 살다보면 한국식 행동양식이 필요할 때도 있다. 미국 사람들 눈에는 있을 수도 없고 그래서도 안 되는 일을 한국 사람들은 쉽게 해치운다. 문제가 되지 않으면 상관없지만 문제가 된다면 변명의 여지가 없는 경우들이 있다. 내게도 그런 일이 있었다.

자동차 때문이었다. 나는 피츠버그에 도착한 지 1주일도 안 되어서 인근 아파트에 있는 한국인에게서 중고차를 샀다. 그런데 문제가 생겼다. 내가 있는 아파트 주차장은 아직 여유가 없어서 차를 세울 수 없다는 것이었다. 주차공간이 없다고는 했지만 줄로 그어진 구역이 부족하다는 뜻이지 빈 공간은 많았다. 한국 같으면 이중주차라도 하면 그만이지만 이 사람들은 요지부동이었다. 누군가 이사를 가야 자리가 나니 그때까지 기다리라는 것이었다. 근처 뒷골목에 가면 세울 수 있을 것도 같았지만 그러려면 차가 파손되거나 도둑맞는 경우를 감수해야 한다. 그렇다고 아파트 앞 대로에 세울 수도 없다. 곧바로 견인될 것이기 때문이었다.

그래서 결국 자동차를 판 사람에게 사정을 얘기하고 아파트 주차장에 자리가 날 때까지 판 사람의 아파트에 잠시 세워둘 수 있겠느냐고 부탁했다. 내 차에는 그 아파트 딱지가 아직 붙어 있었기 때문에 별 문제가 없을 것이라 생각했고 주인도 쉽게 동의했다. 사실 그런 편의를 봐준 것은 원 주인이 한국인이었으니 가능했을 것이다. 주차를 하려면 아파트에 살더라도 주차비를 따로 내야 한다. 정확히 기억은 나지 않지만 적은 금액도 아니었다. 원칙대로라면 그 주인이 내게 그 돈을 요구해도 할 말은 없다. 그 아파트에도 나처럼 주차순서를 기다리는 사람이 있을 것이라 내 사정을 봐준다면 다른 사람의 권리를 침해하는 것이 된다. 차는 팔았으니 나머지는 당신이 알아서 하라고 해도 할 말은 없지만 그 주인은 내게 그렇게 하지 않았다.

그렇다고 주차 문제가 완전히 해결된 것은 아니었다. 주차장에 늘 상주하는 경비원 문제는 내가 알아서 해야 했다. 주차하고 아파트로 들어가지 않고 다시 나가는 나를 이상하게 생각한다면 나뿐 아니라 원 주인에게도 피해가 갈지 모르기 때문에 늘 조심할 수밖에 없었다. 그러던 어느 날 저녁 마침내 딱 걸리고 말았다. 저녁 8시경 주차를 하러 들어갔는데 자리들이 대부분 차 있었고 방문객용 공간만 남아 있었다. 어쩔 수 없이 그곳에 주차를 하긴 했지만 방문객용 공간에 차를 두면 문제가 생길 듯해서 혹시나 하는 마음에 어디 빈자리가 없는지 살피고 있었다. 그 순간 갑자기 내 앞에 주차한 차의 헤드라이트가 켜지고 차에서 경비가 내리더니 내게 뭐가 문제냐고 물었다. 나는 주차할 곳이 없어서 지금 찾는 중이라며 혹시 지금 있는 그 자리를 내게 양보할 수 없냐고 말했다. 당황했었지만 그런대로 잘 대응한 셈이었다. 다행히 경비는 내게 몇 호에 사는지 묻지 않았다. 주차공간을 요구하는 내가 당연히 그 아파트의 주민이라 생각한 듯했다. 그 사람이 차를 빼고 내가 세운 뒤 유유히 걸어 나왔지만 아파트로 곧장 들어가지 않고 다른 곳으로 가는 나를 이상하게 볼까 봐 등에는 식은땀이 흘렀다.

미국에 있으면서 겪었던 황당한 일들은 이외에도 많다. 대부분 내가 영어를 잘 못해 일어난 일들이었지만 알아듣지 못해도 더 알려고 들지 않고 내 멋대로 움직였던 것이 모든 사건의 원인이었다. 일련의 사건들을 겪은 후 나는 점차 안정되어갔다. 모르면 묻고 못 알아들으면 다시 말해달라고 얘기하게 되었다. 미국에서 살아가려면 한국인으로 가지고 있는 체면을 벗어던지는 일이 우선되어야 한다. 내가 미국에서 남들보다 더 힘들었던 것은 그 가면을 벗지 못했기 때문이었다.

한국에 돌아온 뒤 나는 원래의 내 자리로 복귀했고 다시 체면이란 장막 안으로 몸을 숨겼다. 자리는 사람을 만들고 행동을 제어한다. 예전에 외국의 어느 교수님이 서울대 병원에서 강의했을 때 세미나를 이끌던 교수님이 청중들 중 아무도 질문하지 않자 서둘러 세미나를 끝내며 강의내용과는 아무 상관없는 코멘트를 하셨던 기억이 난다. 지금 내 자리는 바로 그런 자리다. 몰라도 아는 척해야 하는 그런 자리 말이다. 모르면 물어야 하지만 나를 포함한 한국의 많은 교수들은 묻지 않는다. 묻지 않으면 나만 손해라는 사실을 알면서도 체면이 나를 잡는다. 나는 어쩔 수 없는 한국 교수다.

시험

매 학기 기말고사가 끝나면 성적을 올려달라는 항의성 메일이 날아온다. 단, 의과대학은 예외다. 경쟁이 무척 심한 곳이므로 성적을 올려달라는 요구를 할 수 없다는 것을 학생들도 잘 알기 때문이다. 그러나 교양과목을 수강하는 학생들은 성적 조정 요구가 많다. 학점이 나쁘면 취업에 불리하기 때문에 학생들은 학점이 낮은 과목에도 상당히 예민하게 반응한다.

학생들의 성적 조정 요구에 나는 대부분 무응답으로 일관하거나 실제 성적을 알려주면서 지금 받은 성적도 잘 준 것이라는 점을 강조한다. 사실이 그렇다. 내 시험문제는 다소 어려운 편이다. 공부를 열심히 하는 의대생들도 내가 출제한 생리학 시험의 경우

내 인생의 실험은 아직 끝나지 않았다

평균 50점 이하를 맞는 경우가 많다. 교양과목을 듣는 학생들인 경우 성적은 더 형편없다. 의학과 관련된 내용이 조금이라도 들어가면 성적은 뚝 떨어진다. 2년 전 내가 맡았던 교양과목 〈신경과학의 이해〉 기말고사의 평균점수는 30점이 채 되지 않았다. 절대평가로 하면 대부분의 학생들은 F다. 하지만 상대평가가 학생들을 살린다. 교양이라는 과목의 특성상 가혹하게 점수를 주기도 그렇다. 그런데도 학생들은 성적이 나오면 성적이 너무 낮다며 조정해달라고 메일을 보낸다. 그때 내가 보내는 답장은 항상 비슷하다. "학생의 원래 성적은 F에 해당한다. 그런데도 C를 받았으니 그것으로 만족해야 하는 것 아닌가?" 이런 식의 답장을 보내면 더 이상 항의하지 않는다.

학생들이 낮은 점수를 받는 가장 큰 이유는 내가 시험문제를 어렵게 내는 데 있다. 문제를 어렵게 내는 게 좋은 일은 아닌데 나의 이런 경향은 마치 습관 같다. 그것도 아주 나쁜 습관 말이다. 나의 이런 잘못된 습관은 사실 의과대학 학생들 때문이다. 의과대학 학생들은 소위 족보라는 것을 만든다. 일종의 기출시험 문제집인데 족보를 만드는 것을 보면 기가 막힌다. 학생들 전체가 달라붙기 때문이다. 시험을 볼 때면 학생들은 양을 정해놓고 자신이 담당한 문제를 외워 나간다. 단국대는 정원이 50명 정도 되므로 중간고사나 기말고사 때 한 사람이 외워야 하는 문제는 한 문제 남짓이다. 학생들은 그렇게 외워 나온 문제들을 가지고 그해 문제집을 만든다. 물론 그 문제집은 그 학생들에게는 별 소용이 없지만 후배들에겐 매우 유용하다. 교수가 강의하는 내용은 해가 바뀌어도 크게 변하지 않기 때문에 이런 식으로 몇 해만 지나고 나면 학생들은 어떤 문제가 나올지 대충 짐작하게 된다. 족보란 중요한 문제만 모아놓은 것이니 그것을 공부하고 들어오는 것을 나무랄 수는 없다. 하지만 어떤 학생들은 제대로 공부도 하지 않고 답만 외워 들어오는 경우도 있다. 족보가 횡행할수록 학생들이 공부하지 않는 것은 불문가지다. 사정이 이렇다보니 매년 문제를 내는 것이 힘들어진다. 문제도 가능하면 어렵게 내려고 든다. 의대 교수들은 학생들을 상대로 매년 매학기 승산 없는 싸움을 한다. 내 문제가 어려워지는 이유가 거기에 있다.

1987년 당시 서울의대는 전국에서 모인 250여 명의 수재들이 모인 집단이었다. 대부분은 아마 고등학교 때까지만 해도 전교 1등을 놓치지 않았으리라 싶다. 하지만 대학은 그렇지 않다. 시험을 치면 1등에서 250등까지 서열이 생길 수밖에 없다. 고등학교 때의 영화를 잊지 못하는 학생들에게 이런 상황은 견디기 힘든 일이었을 것이다. 나도 처음엔 그랬으니 말이다. 대학을 들어온 후 첫 2년, 예과과정은 예외다. 본과로 진입만 하면 되기 때문에 학생들은 2년 동안 즐길 수 있을 만큼 즐긴다. 하지만 본과는 다르다. 본과에서의 성적이 나중에 자신의 진로를 결정하기 때문이다. 당시 학생들의 인기를 모았던 안과는 졸업 성적이 1등이어야만 들어가는 과로 알려져 있었다. 매 시험 학생들은 치열하게 임했다. 다른 학생들보다 나은 점수를 받기 위해 불공정한 경쟁도 서슴지 않았다. 시

내 인생의 실험은 아직 끝나지 않았다

험을 보고 나면 바로 직전에 어떤 족보가 돌았다는 소문이 파다했다. 특정 동아리 소속 학생들이 자신들 동아리에서만 보던 족보를 시험 전에 학생들에게 돌렸다는 소문이었다. 서울대에도 학생회에서 만든 공식 족보집이 있었지만 학생들은 항상 새로운 족보에 목말라하고 있었던 터라 시험이 끝나고 이번 시험은 어느 동아리에서 나온 족보를 탔다는 소문이 돌면 허탈한 마음이 들곤 했었다.

학생들 간의 경쟁은 평소에도 예외가 아니었다. 그 모습을 가장 잘 보여주는 곳은 도서관 복사실이었다. 복사실에는 늘 필기를 잘 하는 학생의 노트를 복사하려는 학생들로 만원이었다. 지금은 대학 강단에서 슬라이드가 사라지고 파워포인트를 이용한 강의가 주를 이루지만 1990년대 초만 해도 그렇지 않았다. 교수들은 OHP나 환등기 형태의 슬라이드를 주로 사용했다. 의대 강의는 짧은 시간에 많은 분량을 소화한다. 그러다보니 교수들은 계속 슬라이드를 넘기며 강의를 하고 학생들은 슬라이드의 그림을 그리거나 교수들의 말을 받아 적기 바빴다. 지금은 강의 자료를 미리 인터넷에 올려 학생들이 강의록을 가지고 들어오는 경우가 대부분이지만 그때는 해부학 외에 다른 과목을 담당하는 교수들이 강의록을 미리 나눠주는 경우는 거의 없었다. 그러다보니 교수들의 말을 거의 하나도 빠짐없이 받아 적는 학생들의 노트가 인기였다. 전설적인 선배들의 노트가 복사본으로 나오기도 했지만 성적이 상위권인 학생들 중 '인간 타이프라이터'라 불리는 학생들의 노트가 먼저였다.

이런 환경 속에서 공부했던 내게 지식을 측정하는 수단으로서의 시험은 그 의미를 잃었다. 시험이 족보에서 나오고 모두가 족보를 공부하고 들어온다면 시험은 단지 족보를 얼마나 공부했나를 테스트하는 이상의 의미가 없기 때문이다. 결국 시험문제를 출제할 때마다 가능하면 족보를 벗어난 문제를 내려고 애쓴다. 그게 더 공부를 깊게 한 학생들을 위한 길이라 믿기 때문이다. 물론 이렇게 낸 문제들도 다음 해엔 새로운 족보에 오를 것이다. 학생들과의 싸움이 승산 없다는 말은 그 뜻이다.

시험문제를 어렵게 내는 습관은 의학과가 아닌 다른 과 학생들을 대상으로 해도 여전하다. 관성의 법칙이라도 있는 것 같다. 상대평가 과목이라면 시험이 어렵더라도 성적에는 크게 상관없다. 순위에 따라 성적을 주면 되기 때문이다. 하지만 문제가 하나 있다. 전체 시험 성적이 나쁘면 학생들이 공부를 안 했다고 생각하고 전반적으로 성적을 낮게 주는 것이다. 20명을 A를 줄 수 있는데 15명만 준다든지 하는 식이다. 성적을 낮게 주면서도 나는 내 시험문제가 어려웠다는 사실을 늘 잊어버렸다. 성적이 나오면 점수만 보고 기계적으로 성적을 줬다. 성적이 나쁜 건 학생 탓이지 내 탓이라고 한 번도 생각하지 않았다.

몇 년 전 내가 출강했던 모 대학 어느 학과의 기말고사가 끝나 성적이 나간 뒤 나는 한 통의 메일을 받았다. 자신을 탈북자라고 밝힌 한 학생은 내 수업을 정말 열심히 듣고 공부도 열심히 했는데 성적이 D가 나왔다며 C 이상을 받지 못하면 정부 장학금이 끊겨 학교를 더 이상 다닐 수 없으니 성적을 올려달라고 했다. 나는 그 메일을 받고 고민에 빠졌다. 늘 첫째 줄에 앉던 바로 그 학생이 었다. 수업태도도 좋았다. 영어를 제대로 배우지 못했던 탈북자 출신이라 영어 용어가 많은 수업을 따라가기 힘들었을 터였다. 성적은 성적이니 이유야 어찌되었건 그대로 주는 게 맞다고 생각은 들었지만 어쩔 수 없었다. 그 학생의 장학금을 끊어 학업을 중단시킬 배짱은 내게 없었다. 그 학생 덕분에 많은 학생들의 성적이 상향 조정되었다. 성적 정정 기간이 끝난 뒤 고치는 것이라 나는 학교 측에 '다시는 이런 일이 없도록 하겠습니다'라는 일종의 사유서 비슷한 것을 제출해야 했다.

나는 그 일이 있은 후 성적을 주는 것, 나의 강의, 어려운 시험 문제 등에 대해 다시 생각하게 되었다. 아내는 늘 학생들 성적이 좋지 않은 것은 교수가 잘못 가르치기 때문이라 주장해왔는데 나는 아내가 그런 주장을 할 때마다 의과대학은 다르다, 혹은 시험 문제가 어려워 그렇다, 원래 그 과목이 어렵다는 식으로 대응하곤 했다. 그런데 탈북자 출신 학생의 경우에는 내 변명이 통하기 어려웠다. 강의할 내용은 많고 시간은 짧으며 내용이 어려우니 어쩔 수 없는 측면이 있지만 이해하지 못하는 학생들이 있는지 제대로 파악하려 들지도 않았으니 변명의 여지가 없었다.

내가 조교 때 정년을 앞둔 선생님께서 "안 군, 이제야 강의가 뭔지 좀 알 것 같아"라고 말씀하셨던 것이 기억난다. 나는 아직도 강의가 뭔지 모른다. 나는 이제껏 강의도 시험도 학생을 성적순으로 줄 세우는 도구로 사용했던 것 같다. 무엇보다 내겐 학생들에 대한 애정이 부족하다. 많이 반성하고 있다. 그런데 조금 걱정이다. 올해도 어김없이 의학과 학생들과 전쟁을 치러야 하는데 그러다 보면 또 옛날 모습으로 돌아갈 것 같다. 으이그 웬수 같은 놈들.

노안

나는 육체노동자다. 하루 벌어 하루 먹고 사는 정도는 아니지만 나는 엄연한 노동자다. 학생들을 가르치고 연구계획서를 작성하고 남들 앞에서 강연을 하는 교수가 육체노동자라면 믿기지 않겠지만 사실이 그렇다. 늘 실험을 하다보니 옷도 늘 청바지나 면바지에 간단한 티셔츠가 전부다. 정장은 학회에 갈 때 아니면 결혼식, 장례식 때 외에는 입지 않는다. 우리 집 아이는 결혼식에 가려고 정장 차림으로 갈아입은 것을 처음 보았을 때 눈을 뚱그렇게 뜨고 나를 쳐다봤다. 아빠한테도 저런 옷이 있었구나 싶었단다. 옷차림만으로도 나는 진정한 블루칼라다.

얼마 전 학교에서 정기 건강검진을 받았다. 위내시경 검사를 받고 마취에서 깼더니 약을 주며 마시라고 했다. 검사를 하기 위해 위 조직 일부를 채취하였는데 출혈이 있을 수 있어 지혈제를 주는 것이란다. 특이한 병변이 없다는 결과를 기대했던 나는 다소 걱정이 되었다. "뭐 꼭 암 같은 경우만 조직검사를 하는 건 아니잖아." 이렇게 생각하면서도 얼마 전 건강검진에서 조기 위암 판정을 받아 수술을 받았던 아래층 교수님이 떠오르는 건 어쩔 수 없었다.

늘 건강하던 밥통이 문제를 일으킨 건 미국 유학 때가 처음이었다. 12월 어느 날 새벽 속이 쓰려 잠을 깨고 말았다. 금방 알아차렸다. 이거 위궤양이군. 그땐 실험도 잘 진행되지 않고 상사와의 사이도 많이 틀어져 힘들었는데 그게 이렇게 돌아올 줄 몰랐다. 조교 5년 동안의 심심찮은 술자리, 단국대에서의 힘든 정착과정도 거뜬히 이겨냈던 밥통이었는데 미국에서 보낸 겨우 넉 달을 이기지 못하고 퍼져버린 녀석이 믿기지 않았다. 그러게, 라면 좀 작작먹을 걸 하는 후회도 들었지만 이미 와버린 놈을 어찌하랴. 나는 그날부터 위궤양 치료를 위해 버스를 포기하고 학교까지 편도 30분 거리를 걸어다녔다. 다행히 얼마 후 증세가 가라앉았다.

미국에서 돌아온 후에도 밥통은 가끔 말썽을 부렸다. 한번 덧난 상처는 쉽게 아물지 않는 법이다. 조금 많이 먹었나 싶으면 예전에 느끼지 못하던 답답함이 나를 괴롭혔다. 밥통은 내게 은연중에 말하고 있었다. 넌 이제 예전처럼 나를 쓰지 못할 것이라고. 너는 벌써 40년 이상을 나를 혹사시켰노라고.

40이 넘어가니 밥통만 내게 반기를 드는 건 아니다. 눈도 그렇다. 나도 언젠가부터 신문을 멀리 보기 시작했다. 노안이라고 하는 놈이 벌써 내 옆에 똬리를 틀었다. 집안 내력이라곤 하지만 벌써 머리엔 새치가 제법 늘었고 요즘은 아이 녀석이 머릿속이 보인다며 재미있어 한다. 고얀 놈이다. 한 번도 교수로서 자신을 자각하고 살아보지 못했지만 외모는 자꾸 교수 티를 내려 한다. 백발이 지혜의 상징이라고 성경에는 나와 있지만 내 생리학적 기능이 내리막을 타면서 마음속에 늘 품고 있던 걱정이 점점 현실이 되어가는 것을 피부로 느낀다.

내 걱정이란 별것 아니다. 내가 늙어 기능이 떨어지면 실험은 도대체 어떻게 하나 하는 것이다. 조교와 대학원생이 있는 풍경에 익숙한 사람들에겐 이게 뭔 말인지 마음에 와닿지 않을 것이다. 실험이야 대학원생이나 조교가 하면 된다고 여길 테니 말이다. 나도 그렇게 말하고 싶다. 실험은 대학원생이 하면 된다고 말이다. 그러나 그건 현실이 아니다. 대학원생, 연구원, 조교를 구하는 일은 정말이지 너무너무 어렵다.

무릇 대학원생의 수급은 학부와 대학원이 갖춰진 곳이라면 아무리 지방이라도 일정 수준은 유지가 된다. 하지만 의과대학이면 사정이 다르다. 의과대학도 학부생이 있지만 그들 중 대학원으로 들어와 연구를 하는 경우는 매우 드물다. 내가 대학을 졸업할 때는 무슨 바람이 불었는지 10명이 넘는 친구들이 기초의학 대학원에 들어갔었지만 (1등으로 졸업한 친구도 약리학 교실에 남았다.) 그건 아주 예외적인 경우다. 단국대는 개교 이래 지금까지 단 2명 정도만 기초의학에 남았다. 그 둘 중 아직까지 교수직을 유지하는 사람은 오직 한 사람뿐이다. 의과대학에도 대학원이 있지만 대학원에 들어온 학생들은 대부분 병원에서 일하는 의사들이다. 늘 환자 진료에 바쁘기 때문에 하루 종일 실험을 하는 일은 상상도 할 수 없다. 생리학처럼 기초의학을 전공하는 의과대학 출신의 대학원생은 씨가 마른 지 오래다. 꼭 의과대학 출신만 의대 대학원에 오란 법은 없으니 타 대학 출신이라도 받을 수만 있다면 상관은 없다. 그러나 타 대학 출신이 자신이 나온 대학의 대학원을 제쳐두고 의과대학에 대학원생으로 오는 일은 생각만큼 쉽지 않다. 타 대학 출신들은 의과대학에 대해 잘 모르고 설사 온다 하더라도 학위를 끝내고 다시 자신의 학부 쪽으로 돌아가기가 쉽지 않기 때문이다. 물론 의과대학에서 학위를 따고 나중에 의과대학에 자리를 잡으면 되지만 그게 그리 쉬운 일은 아니다. 취직의 문은 의대보다는 일반 자연대가 더 넓은 편이다. 게다가 의과대학 대학원은 등록금도 매우 비싼 편이다. 학교에서 지원하는 장학금이 많아 이 문제는 어느 정도 해소가 되었다 해도 대학원생을 찾는 일은 여전히 어렵다. 4년 전 어느 학생을 뽑기 위해 면접하러 갔다가 오히려 내가 면접 당한 일도 있었다.

사람을 뽑기 어려울 땐, 그냥 뽑지 말지 하는 생각도 든다. 대학원생 하나를 뽑으면 등록금과 월급은 모두 교수가 해결해주어야 한다. 대학원생 한 사람에 드는 돈은 학교의 장학금을 제하고도 연 1000~1500 정도다. 그 금액은 모두 교수의 몫이다. '내가 학교

내 인생의 실험은 아직 끝나지 않았다

다닐 땐 말야~' 이렇게 시작하면 구닥다리로 찍히는 줄 알지만 그래도 할 말은 하고 싶다. 정말 내가 대학원에 다닐 땐 등록금이나 월급, 모두가 내 몫이었지 교수가 책임질 사항은 아니었다. 그렇다고 선생님들께서 손을 놓고 계셨다는 의미는 아니다. 나는 대학원생 때 조교를 하면서 등록금과 생활비를 해결할 수 있었다. 내가 조교가 되어 겨우 생활비나마 해결할 수 있었던 건 그나마 위 선생님들의 배려가 있었기 때문이었다. 그렇더라도 엄밀히 말하면 그 당시 대학원생의 등록금과 생활비는 교수들의 책임은 아니었다. 그 당시 연구비는 연 1000~2500 정도가 대부분으로 그 안에서 인건비가 차지하는 부분은 거의 없었다고 해도 과언이 아니었다. 그런 상태에서 조교 직함도 없는 대학원생들은 등록금과 생활비를 알아서 해결해야 했다. 교수님들이 도와주시긴 했지만 기본적으로 대학원생의 생활비는 자신이 알아서 해결해야 할 문제였다. 하지만 지금은 달라졌다. 연구비에도 대학원생 인건비가 포함되어 있고 대학원 등록금도 대부분 장학금이 지원된다. 아직도 인문학을 전공하는 대학원생들은 자신의 등록금과 생활비를 스스로 해결해야 하는 경우가 많지만 실험을 주로 하는 자연계열이나 의과대학에서는 월급을 받지 않고 일하는 대학원생을 찾기가 어려워졌다. 사정이 이렇다보니 대학원생 하나를 뽑으려면 겁부터 난다. 월급을 줄 형편이 되지 않으면 아예 뽑을 엄두를 내지 못한다. 차라리 내가 하고 말지 하는 생각이 드는 것도 다 그런 이유다.

팔팔한 30대 때에는 그렇게 지낼 수 있었다. 실험을 하고 동물을 돌보고 강의를 하고 논문을 쓰는 일을 혼자 하는 것도 어렵지 않았다. 사실 지금이라도 해야 한다면 못 할 것은 아니다. 생산성만 봐도 내가 혼자 하는 것이 더 낫다. 아무것도 모르는 대학원생 하나를 가르쳐 실험결과를 내려면 반년 이상이 걸린다. 내가 한다면 한 달 안에도 끝낼 수 있다. 그러나 실험은 실험대 앞에 앉아 있는 그 순간에만 이뤄지는 것은 아니다. 하나의 실험을 하려면 여러 과정에 손이 가야 한다. 나이가 들어가니 그런 과정들이 버겁다.

결국은 돈이 문제다. 단 10년이라도 연구비 걱정 없이 연구를 할 수 있다면 좋겠다. 연구비가 꾸준히 지급된다는 보장만 있으면 사람을 구하는 것도 자연스레 해결할 수 있다. 석사과정생을 박사과정생으로 올려줄 수도 있고 사람도 매년 새로이 뽑을 수 있을 것이다. 소위 스타과학자가 되면 그런 특혜를 누릴 수도 있다. 《Cell》,《Nature》,《Science》 등에 꾸준히 논문을 내는 그런 과학자 말이다. 그런 잡지에 논문을 실을 수 있는 스타과학자가 되는 것은 좋은 일이다. 하지만 나는 그런 정도는 아니다. 모든 과학자가 다 그렇게 될 수는 없지 않은가. 로또라도 사야 되나 싶다.

내가 만약
암에 걸린다면

내 친구 중 한 놈이 대학 때 자신이 의과대학에 들어온 걸 다행이라고 여기게 된 이유로 자신이 병에 걸렸을 때 어떻게 해야 할지 빨리 결정할 수 있게 된 것을 들었다. 폐암으로 돌아가신 아버님의 치료에 가세가 기울었던 경험을 떠올리며 한 얘기였다. 자신이 만약 치료 불가능한 병에 걸린다면 깨끗이 포기하겠다는 말과 함께 말이다. 그 말을 들으면서 그런 경우가 발생한다면 나도 치료를 쉽게 포기할 수 있을 것 같다는 생각이 들었다. 그때 나는 20대였는데 40대인 지금도 나는 가끔 이런 말을 하곤 한다. 그러나 과연 그러한 처지가 되면 나는 정말 나를 쉽게 '포기'할 수 있을까?

20대의 나는 죽음에 대해 생각해볼 여유가 없었다. 교회를 다

넜으므로 죽음, 영생, 부활 등의 단어는 친숙한 편이었지만 실체감이 없었다. 장례식을 몇 번 참석할 기회가 있었지만 남은 가족들에 대한 애틋한 먹먹함 외에 사자의 죽음과 고통, 슬픔이 나를 괴롭히지는 않았다. 나는 생생히 살아 있었고 죽는 일보다는 살아가는 일이 더 바빴다.

젊디젊어 죽음에 대한 깊은 성찰을 할 여지가 없었던 나는 어쭙잖은 의학적 지식을 통해 죽음을 더 가볍게 보게 되었다. 오해는 하지 마시길 바란다. 의대에서 죽음을 하찮은 것으로 가르치는 것은 아니다. 단지 병을 배우는 의대생들의 특성을 얘기하는 것뿐이다. 의대에서 죽음에 대해 가르치지는 않는다. 어떤 병을 앓다보면 죽을 수 있다, 어떤 조건이면 죽을 수 있다, 특정 질환에서 죽게 되는 직접적 원인은 무엇이다 등에 대해서는 배우지만 죽음을 앞둔 사람의 진정한 슬픔, 걱정, 고통, 미련에 대해, 남겨질 가족들의 마음에 대해 배우지는 않는다. 의학에서 죽음이란 단지 모든 병의 종착점이자 예후 중 하나일 뿐이다.

예후의 사전적 의미는 '병을 치료한 뒤의 경과, 의사가 환자를 진찰하고 앞으로 나타날 것이라고 미리 짐작하는 병의 증세'다. 특정 암에 걸린 후 5년 생존율 몇 %, 이 수술을 받은 후 어떤 부작용이 몇 %에서 나타날 수 있나 하는 것이 여기에 포함된다. 병의 예후를 아는 것은 물론 중요하다. 하지만 교과서에서 예후를 배울 때, 그리고 그 예후 중 하나인 죽음에 대해 알게 될 때, 의사들은 죽음에 대해 절감하지 못한다. 예후란 확률과 경우의 수 이상의 것이 아니다. 교과서에 적힌 숫자는 생명이 없다. 그 숫자를 배우는 의사들의 마음에도 생명은 없다. 숫자들이 생명을 가질 때는 의사 본인 또는 그의 가족이 숫자에 지배되는 질환에 걸렸을 때뿐이다.

솔제니친의 작품 〈암병동〉에는 돈초바라는 치료방사선 종양학 전공의 여의사가 나온다. 자신이 암에 걸렸음을 알게 된 그녀는 자신의 옛 스승에게 찾아가 자신을 진찰해달라고 부탁하며 이런 말을 한다. "그런데 어째서 이런 불공평한 일이 생기는 거죠? 왜 종양 전문의인 제가 종양에 침범당하지 않으면 안 될까요? 온갖 증상이나 합병증, 그리고 예후에 관해서도 너무나 잘 알고 있는 제가요?" 소설 속에서 그녀는 각종 암의 예후에 관해 잘 아는 인물로 묘사된다. 젊은 환자의 다리를 자르는 일도, 치료가 불가능한 환자를 퇴원시키는 일도 모두 그녀의 권한이다. 소설 속에서 그녀는 환자가 어떤 상태일 때 어떻게 치료해야 한다는 교과서적 지식과 풍부한 임상경험을 바탕으로 '고뇌에 찬' 결정을 내리지만 그 '고뇌'는 자신이 암에 걸렸을 때 비로소 진정한 모습을 드러낸다. 교과서적인 예후나 숫자가 마침내 생명을 가지게 되는 순간이다. 임상에서 암과 싸우는 의사들을 폄훼하기 위해 하는 말은 아니다. 모든 아픔 중에 가장 큰 아픔은 내가 아플 때란 사실을 간과해선 안 된다.

얼마 전에 있었던 정기 신체검사에서 위에 생긴 폴립을 검사하기 위해 뗐다는 소식을 접하고 그날 하루 내내 안절부절못했던 적이 있었다. 위에서 암덩어리가 발견된 것도 아니고 기껏 조기 위암 정도의 판정 외엔 없을 터인데 (조기 위암은 완치가 가능하다.) 결과가 나오기까지 조직검사 결과가 신경 쓰여 일이 손에 잡히지 않았다. 이 모습이 40대인 나의 현재 모습이다.

40대인 지금도 가끔 "난 그런 경우에 처하면 치료를 포기할 거야"라고 말할 때가 있지만 그건 거의 투정에 가깝다. 지금의 나는 20대의 기고만장한 예비의료인이 아니다. 내겐 아내와 아이가 있고 부모님이 계시다. 가장 책임이 많은 대한민국의 40대, 나는 지금 딱 그 나이다. 이 나이가 되면 의학적 지식이나 신념은 별 문제가 되지 않는다. 내가 무지막지한 암이라도 걸려서 도저히 치료할 수 없다고 해도 40대의 목숨은 자신만의 것은 아니다. 지난 20년간 급속도로 발전한 의학도 쉽게 죽음을 허락하지 않는다.

아직도 많은 병들이 치료가 되지 않는 것이 현실이지만 20대 때 치료불가라고 배웠던 병들 중 일부는 어느 정도 통제가 가능해졌다. 암에 대한 개념도 많이 달라졌다. 예전에 암이란 내가 죽이지 않으면 내가 죽어야 하는 병이었다. 그러나 지금 암이란 나를 죽이지 않도록 달래가며 함께 살아야 하는 대상으로 변했다. 시각이 달라지니 치료방침도 변했다. 내가 알고 있는 어떤 사람의 경우 약 20년 전에 수술로 제거한 뇌하수체 종양이 다시 재발했지만 담당의는 수술을 권하지 않았다. 대신 방사선 치료를 권하면서 종양이 더 커지지 않도록 하는 것이 최선이라고 했다. 정상조직과의 경계가 모호하여 수술을 하면 정상조직을 다치게 하는 등 후유증이 더 클 가능성이 있어 그렇게 결정을 내린 듯 했지만 수술을 선호했던 20년 전에 비하면 상당한 변화라 할 수 있다. 그 환자는 몇 번의 방사선 치료를 받고 현재 정상에 가까운 생활을 누리고 있다.

20대의 내 친구가 그랬듯 가장이란 입장에 서서 엄청난 치료비로 내 가족이 궁색해지는 것을 받아들이기 어렵다는 생각이 들 때도 있다. 하지만 그것도 우스운 일이다. 그런 곳에 돈을 쓰지 않으면 어디에 돈을 써야 한단 말인가? 좋은 차, 좋은 집, 맛있는 음식, 멋진 옷, 그런 데에만 돈을 써야 한다는 법이 있다면 모를까 병원비가 아까워 변변한 치료 한 번 못 하고 가장을 떠나보내야 한다면 남는 가족들은 경제적인 풍요 속에서 가장을 고마워하며 잘 지낼 수 있을까?

내가 암에 걸렸다는 통고를 받는다면 나는 내가 어떤 일을 할지 잘 안다. 가장 먼저 나는 내 동기에게 전화를 걸어 그 분야에 가장 뛰어난 전문가를 추천해달라고 할 것이다. 그 후엔 인맥을 총동원해 이미 대기하고 있는 환자들의 순서를 무시하고 나부터 진료를 해달라고 전화질을 해댈 것이고 진료일자가 잡히는 것과 상관없이 케케묵은 교과서부터 시작해서 최신 논문에 이르기까지 모든 자료를 다 동원해 암의 예후와 치료가능성에 대해 조사할 게 분명하다. 의사를 만나 치료방침을 들은 후에도 더 나은 치료 방법이 없나 고민하며 두어 군데 더 전화를 해서 치료는 거기까지란 얘기를 들은 후에야 포기를 하고 치료를 받아들일 것이다. 나의 이러한 모습 속에 "그런 병에 걸리면 치료를 깨끗이 포기하겠다"

는 호기 어린 20대의 모습은 찾기 어렵다. 나는 다른 사람에 비해 의학 지식을 조금 더 알고 의사인 친구를 좀 더 많이 둔 그저 그런 인간에 불과한 것이다.

나는 이 글의 서두에 치료가 불가한 병에 걸리면 치료를 포기할 수 있을 것인지 물었다. 대답은 이미 한 셈이다. 치료는 포기할 수 없다. 20대의 호기는 치기에 불과할 뿐 내겐 그러한 용기도 배짱도 남아 있지 않다. 그러나 이상한 일이다. 이성적으로나 감성적으로나 치료를 포기하지 않아야 한다는 것을 인정하면서도 왜 나는 고장 난 녹음기처럼 20대 때의 그 이야기를 아직도 읊조리고 있는 것일까?

암에 걸리는 순간 환자는 의사결정권을 잃어버린다. '이 암은 지금 어디까지 퍼져 있으니 당신은 몇 기에 해당합니다'란 선고가 떨어지는 순간 치료는 정해진 순서에 따라 굴러가게 되어 있다. 진행정도가 낮아 수술을 할 수 있다면 다행, 아니면 방사선 조사와 항암요법을 병행한 후 수술, 어떤 경우에도 수술이 불가하면 항암과 방사선, 항암이나 방사선에 반응이 없고 수술도 불가하다면 앉아서 죽음을 기다리는 것, 이런 식이다. 어떤 약을 쓸지 언제 수술할지 환자는 정할 수 없다. 권리는 있을 터이나 정보가 없으니 주장하기 어렵다. 환자는 그저 의사가 하라는 대로 잘 따라하기만 하면 된다. 그게 환자의 첫 번째 행동수칙이다. 환자는 단지 이 의사에게서 치료를 받을 것인가 아닌가만 결정하면 된다.

집에서도 마찬가지다. 환자는 가족들의 의사를 무시할 수 없다.

평소에 좋아하는 음식도 암에 좋지 않다는 판단이 내려지면 제한해야 한다. 그 판단이 올바른 정보와 지식에 근거하고 있는지는 별개의 문제다. 치료가 너무 힘들어 포기하고 싶어도 그건 환자가 결정할 몫이 아니다. 가족이 정하면 따라야 한다. 나는 의사나 가족이 환자에게 보여주는 이러한 모습이 나쁘다고 강변하는 것이 아니다. 이들의 성화가 환자를 지탱해주는 것임은 두말할 필요 없다. 내가 말하고자 하는 것은 정작 환자 본인은 암치료에서 소외될 가능성이 높다는 점이다.

가족은 '여기까지만 치료해주세요'라고 주문할 수 없다. 가족들은 의료진에게 당연히 최선의 치료를 요구한다. 그러나 문제는 가족들이 자신들이 요구하는 '최선'이 무엇을 의미하는지 정확히 잘 모른다는 데 있다. 국내 최고 권위의 암전문의가 어느 일간지와의 인터뷰에서 말기암 환자의 치료에 대해 얘기하다가 암환자의 가족들이 요구하는 최선에 대해 "그 최선이라는 게 치료하다가 나빠지면 중환자실 가서 인공호흡기 달고, 다시 항암치료하고, 다시 중환자실 가고……. 끝까지 뭔가를 하는 게 최선이라고 생각하는 거예요. 그런데 그게 고통 받는 시간만을 연장시키는 측면이 있거든요. 시간의 의미를 지나치게 기계적으로 생각하는 건 아닌가 하는 생각이 들죠"라고 말했던 적이 있다. 끝까지 무엇인가 하는 것, 병원에 계속 가는 것, 그것을 치료라고 생각하는 경향이 있는 사람들, 그 사람들 속에 환자 자신도 물론 포함된다. 끝까지 치료를 받겠노라고 결정한 사람이 환자 자신이니 '소외'가 가당키나 하냐고 반문할지 모르지만 의학적 지식이 부족한 환자의 소외는 치료가 처음 시작되는 순간부터 이미 정해져 있었다. 실낱같은 희망과 가족의 소망, 의사의 요구에 몸을 맡기는 그 순간부터 말이다.

의료의 특성상 환자의 소외는 어쩔 수 없는 측면이 있다. 아이가 감기에 걸렸을 때를 생각해보면 이 말을 쉽게 알 수 있다. 아이가 감기에 걸리면 부모는 아이를 병원에 데려간다. 아이가 주사를 희망했을 리 없지만 주사 처방을 내리는 의사나 주사를 맞게 하는 부모나 아이의 주사바늘 혐오에 대해 고려할 이유가 없다. 소외는 어쩔 수 없다 하더라도 암은 감기와는 차원이 다른 문제이므로 치료를 시작하기 전에 환자에게 풍부한 정보가 전달되어야 하는데 현실은 그렇지 않다. 대개의 경우 정말 손쓸 수 없는 경우를 제외하고 어떻게든 치료는 시작한다. 환자의 동의를 구하긴 하지만 짧은 진료시간 안에 세세하게 설명을 하고 구한 동의는 아니다. 환자의 CT나 MRI 사진을 앞에 두고 "암이 지금 여기까지 퍼졌네요. 뭐 일단 방사선 치료와 항암치료를 시작해보죠. 오늘은 검사 조금 하시고 한 달 뒤에 보죠." 이런 식이다. 마치 "코감기 약이랑 가래 삭히는 약, 항생제 조금 넣었습니다. 3일치 넣었으니 다음 월요일 날 다시 오세요." 하는 것과 별반 차이가 없다.

악성인 암은 발견 후 몇 개월 이내에 사망할 수도 있고 치료를 해도 기대 수명을 몇 개월 늘리지 못하는 것도 있다. 의학 논문 검색창인 Pubmed에 보면 이러이러한 치료를 했을 때 어떤 암인 경우 1년을 더 연장시켰다거나 6개월을 연장시켰다는 식의 논문을 쉽게 찾아볼 수 있다. 의사들은 환자에게 이런 얘기를 쉽게 해주지 않는다. 환자의 반응이 치료의 성적을 결정하는 한 요소이므로 치료를 시작하기도 전에 김을 뺄 이유도 없을뿐더러 짧은 진료시간 안에 그 모든 얘기를 할 여유도 없기 때문이다. 그리고 무엇보다도 의사의 입장에서는 단 6개월이라도 환자의 삶을 연장시키는 것이 더 중요하기 때문이다.

환자는 치료의 객체이지만 소외되어서는 안 된다. 정말 몇 개월만 남게 되는 경우라면 더 그렇다. 자신을 둘러싼 일들이 어떻게 진행되고 있는지 모르다가 파국을 맞게 되는 경우 환자는 절망한다. 주변 정리도 못한 채 맞아야 하는 죽음은 너무 허망하다. 더 이상의 치료가 불가하다는 통고를 받을 때 환자들의 반응은 불같이 화를 내거나 실신하거나 눈물을 흘리는 등 거의 비슷하다고 한다. 충분히 이해할 만하다.

내가 의대를 나왔다는 것을 다행스럽게 생각하는 이유는 내가 그런 처지가 될 때 스스로 판단할 수 있는 능력을 갖추었다는 점이다. 감정적인 면까지 준비가 될지는 모르겠으나 적어도 자신이 어떤 상태인지 지금 받는 치료가 어떤 효과를 보일지, 앞으로 내가 얼마나 더 살겠는지 정도는 알 수 있을 것이다. 40대인 내가 아직도 '그런 경우라면 깨끗이 포기하겠다'고 읊조리는 배경은 거기에 있다.

사람들은 누구나 오래 살고 싶어한다. 나도 조금은 그렇다. 단식을 하다 죽겠다는 평소의 생각을 100세 때 실천하여 삶을 마감한 스코트 니어링처럼 오래 살고 싶은 생각은 없지만 아이가 커서 결혼을 하고 아이를 낳아 내게 손자라며 안겨줄 정도까지는 살고 싶다. 하지만 오래 살기만 하면 무엇이 좋을까? 제대로 이뤄놓은 것도 없다면 말이다. 얼마 전 타계한 강영우 박사(전 미국 백악관 국가장애위원회 정책차관보)는 췌장암을 선고받고 난 후 지인들에게 남긴 이별의 편지에서 "여러분들이 저로 인해 슬퍼하시거나 안타까워하지 않으셨으면 하는 것이 저의 작은 바람입니다. 아시다시피, 저는 누구보다 행복하고 축복받은 삶을 살아오지 않았습니까? 끝까지 하나님의 축복으로 이렇게 하나, 둘 주변을 정리하고 사랑하는 사람들에게 작별 인사할 시간도 허락받았습니다"라고 썼다. 나는 그 편지를 읽으면서 나도 강영우 박사처럼 끝에 감사의 말을 편지로 남길 수 있으면 얼마나 좋을까 하는 생각을 했다. 여한을 남기지 않는 삶, 그리고 그 삶을 감사할 수 있는 마지막, 그러한 마지막이 있다면…… .

나머지 말은 더 이상 쓸 자신이 없다. 아직 나는 철이 덜 든 40대이기 때문이다.

내 인생의 실험은
아직 끝나지 않았다

1판 1쇄 찍음 2012년 8월 30일
1판 1쇄 펴냄 2012년 9월 5일

지은이 안승철

주간 김현숙
편집 변효현, 김주희
디자인 이현정, 전미혜
영업 백국현, 도진호
관리 김옥연

펴낸곳 궁리출판
펴낸이 이갑수

등록 1999. 3. 29. 제300-2004-162호
주소 110-043 서울시 종로구 통인동 31-4 우남빌딩 2층
전화 02-734-6591~3
팩스 02-734-6554
E-mail kungree@kungree.com
홈페이지 www.kungree.com
트위터 @kungreepress

ISBN 978-89-5820-241-7 03400

값 13,000원